U0251912

鞋履定制：
逻辑、技术和商业模式

XIELV DINGZHI
LUOJI JISHU HE SHANGYE MOSHI

主　编
周　晋（四川大学）

副主编
徐　威（浙江红蜻蜓鞋业股份有限公司）

参　编
侯科宇（四川大学）
李晶晶（四川大学）

四川大学出版社

项目策划：蒋　玙
责任编辑：蒋　玙
责任校对：周维彬
封面设计：墨创文化
责任印制：王　炜

图书在版编目（CIP）数据

鞋履定制 ：逻辑、技术和商业模式 / 周晋主编. —成都 ：四川大学出版社，2020.8
ISBN 978-7-5690-3645-9

Ⅰ. ①鞋… Ⅱ. ①周… Ⅲ. ①制鞋—研究 Ⅳ. ①TS943.1

中国版本图书馆 CIP 数据核字（2020）第 149347 号

书名　鞋履定制：逻辑、技术和商业模式

主　　编	周　晋
出　　版	四川大学出版社
地　　址	成都市一环路南一段 24 号（610065）
发　　行	四川大学出版社
书　　号	ISBN 978-7-5690-3645-9
印前制作	四川胜翔数码印务设计有限公司
印　　刷	成都金龙印务有限责任公司
成品尺寸	185mm×260mm
印　　张	9.5
字　　数	230 千字
版　　次	2021 年 1 月第 1 版
印　　次	2021 年 1 月第 1 次印刷
定　　价	48.00 元

◆ 读者邮购本书，请与本社发行科联系。
电话：(028)85408408/(028)85401670/
(028)86408023　邮政编码：610065
◆ 本社图书如有印装质量问题，请寄回出版社调换。
◆ 网址：http://press.scu.edu.cn

四川大学出版社
微信公众号

序

在提及制鞋产业之前，离不开对制造业及与其紧密相关的零售业基本发展趋势的判断。我们都经历了20世纪90年代的品牌为王、2000年之后的渠道为王、2010年之后的供应链为王的时代，而今天，我们将进入以C2M为代表的用户为王的时代。渠道的改变，带动了生产制造方式的改变。2013年，德国率先推出“工业4.0”，紧接着中国推出《中国制造2025》，这些战略目标本质上是应对用户为王时代的到来。

那么，我们的用户、消费者发生了怎样的改变？如今大家常听到直播经济和网红经济的说法，主播带货的形式实现了对原来传统渠道无法触及的精准用户的互动，因此，主播打通了用户和品牌的鸿沟。然而，这并不是零售业的终极目标，因为在用户和品牌之间仍然存在主播这一中间媒介。零售的终极目标是从用户需求出发，直达品牌和制造，这是一种自发的过程。由此，以自身需求为出发点和以用户需求为目标的制造共同构造了C2M。

C2M并不简单指从用户到工厂，而是具有丰富内涵的模式：既有以网易严选为代表的高品质产品制造工厂与新中产用户结合的模式，又有以必要商城为代表的产品预售模式，也有以阿里巴巴为代表的产品定制平台以及更多的一对一定制业务。C2M的内涵很丰富，其核心是用户端和品牌端的“端到端”的连接。形成这样的连接则需要重塑自身商业模式，更重要的是重塑用户的认知。

回到我们的主业——制鞋行业。红蜻蜓作为龙头企业一直都在思考如何转型的问题，最近，我们得到的答案就是数字化转型。当我们的用户、产品和制造都实现数字化之后，才能推动数据的流动，最终才能将单纯的数据流转变为价值流。品牌和制造端的重塑离不开数字化和信息化，而用户重塑则离不开在线化和移动化。在红蜻蜓，我们首先要将所有消费者转到线上，通过社群、分销，尤其是直播模式连接顾客；同时，基于数字化打通研发、企划、设计的路径，并建立C2M的超级工厂。以上工作完成后，我们才能真正实现从工厂到顾客的“端对端”连接。

本书的编写是红蜻蜓C2M探索的重要环节。我们基于详细的调研和分析，建立了适应制鞋产业模式的C2M理论框架，并通过红蜻蜓的实践进一步完善和补充这一框架体系，使其更全面、更具体和更具实战性。我希望通过此书的出版能有更多的企业参与到 C2M 的转型中，并在转型过程中发现自己的核心价值，建立核心技术，进而固化为企业的核心竞争力。只有更多的制鞋企业都参与到这一浪潮中，我们的产业才能够变得更好，我们也才能为消费者和用户提供更加优质的产品和服务，最终共同创造价值。

钱金波

浙江红蜻蜓鞋业股份有限公司董事长

2020 年 12 月 10 日

前　　言

2013 年，我国发布《中国制造 2025》，其中有较大篇幅强调构建大规模定制的制造模式。2014—2015 年，以个性化定制为主题的探索在各行各业开展得如火如荼。2017 年，“中国服装定制高峰论坛”在浙江举办，论坛主题紧扣个性化定制、智能制造等热点问题，从多元角度审视中国服装定制行业的现状，对大规模个性化定制的发展趋势、男装定制的线上模式的解析、个性化定制平台的建设、高级定制的设计理念、互联网思维下的品牌营销、移动互联背景下的现代商业模式的探索等符合当下发展形势、引导定制行业未来走向的话题进行了详细讨论和解读。

作为服装的重要配饰，鞋履产品也在不断开展基于大规模定制的业务探索。国内鞋履定制业务最早由互联网企业提出。具有代表性的有太美鞋业、Lamoda 鞋业、必要网平台，这些早期探索者希望变革传统鞋类制造商业模式：直接触达用户、提供预售服务、实现理论“零库存”。然而这些模式仍在探索中。但无论如何，要理解鞋履定制商业模式的本质离不开对基础理论的认知。

因此，本书编写的主要目的是复盘当前鞋履定制产业发展模式，进一步提炼出基本原理、方法和关键技术，厘清开展鞋履定制业务的必要条件和主要要素，为鞋履定制业务参与者提供模式参考和路线图。

本书所述相关经验和理论总结来自浙江红蜻蜓鞋业股份有限公司的定制业务。编写团队经过三年实践和总结，使本书内容不断得到充实。本书既有理论基础，又有实践经验，因而具有一定参考价值。

本书由四章构成：概论、鞋履定制的逻辑、鞋履定制技术和鞋履定制的商业模式。

第 1 章概论系统地回顾了鞋履定制的发展历程，将编写团队对鞋履定制的调研情况进行了详述，复盘著名案例，让读者从多个角度了解鞋履定制；此外，编写团队基于文献检索方法对鞋履定制产业规模进行了分析，首次提出功能性定制概念，进一步延伸了鞋履定制的内涵。

第 2 章鞋履定制的逻辑部分详细描述了鞋履定制的理论基础，包括鞋履定制业务的内涵、价值及主要逻辑，以及业务场景、模式、主要参与方、流程和实施策略等内容；并且，对鞋垫定制和糖尿病足保护鞋定制等关于功能定制的内容进行了延伸。本章内容为读者提供了有关鞋履定制的认知。

第 3 章鞋履定制技术部分围绕鞋履定制中涉及的关键技术进行介绍，包括脚型扫描技术、脚型分析技术、脚楦匹配技术、舒适度评价技术及功能性定制的关键技术等；同时，针对交互体验技术及其应用进行展望，最后，着重针对实现规模化定制所必需的鞋类产品部件化和制造端的关键技术进行说明，本章内容为读者提供了如何开展鞋履定制业务的技术指南。

第 4 章鞋履定制的商业模式部分主要介绍了鞋履定制的商业模式类型及设计、品牌战略、场景设计、传播策略、未来畅想。本章内容基于团队的实战经验，为读者提供了关于鞋履定制品牌战略的实施路径和思路。

本书编写团队成员为周晋、徐威、侯科宇、李晶晶。其中，主编周晋（四川大学）编写第 1 章（1.2、1.3、1.4）、第 2 章（2.4、2.5）、第 3 章（3.1、3.2、3.3）和第 4 章（4.1、4.6）及负责全书校对；副主编徐威（浙江红蜻蜓鞋业股份有限公司）编写第 1 章（1.4）、第 3 章（3.8）；参编侯科宇（四川大学）编写第 1 章（1.1、1.4）、第 3 章（3.4、3.5、3.6、3.7、3.8）、第 4 章（4.1、4.4）；参编李晶晶（四川大学）编写第 1 章（1.1、1.2、1.4）、第 2 章（2.1、2.2、2.3）、第 4 章（4.2、4.3、4.4、4.5）。本书出版感谢四川省科技计划资助（项目编号：2020YFH0068）

周晋

2020 年 6 月于成都

目　录

第1章　概　论

1.1　中国鞋履定制的背景

1.1.1　定制的发展历程

“定制”（Custom－made）一词起源于英国伦敦的萨维尔街，意为为客户量身剪裁。随着时代的发展和科技的进步，“定制”的内涵也越来越丰富，可定制的产品层出不穷。当下的消费环境为个性化定制提供了多元的生存土壤，同时，个性化定制消费的出现和流行也迎合了消费者追求品质和个性的心理。狭义的个性化定制是指用户介入产品的生产过程，将指定的图案和文字印刷到指定的产品上，用户获得定制的个人属性强的商品；广义的个性化定制则指满足用户的不同于批量化制造的、特殊的、有差异的产品。

随着定制消费的发展，逐步构建出“定制文化”。定制文化是指随大众生活水平不断提高，人们对物质、精神情感要求不断提高而出现的一种新型生活文化表现。定制文化以个性化为诉求，体现情感价值，使一个普通物件因一定特质而成为具有温情、记忆的作品。鞋履制造的历史源远流长，新中国成立后，在湖南长沙楚墓出土了一双用皮缝制的鞋（距今2000多年），如图1－1所示。它经简单鞣制的皮革作帮底，并以皮线手工缝制而成。鞋面由前盖、前尖、后尾三块皮革部件组成，鞋头呈方形，款式为无带的套式。这说明当时的制鞋工艺已具备较高水平。定制鞋最早可追溯到我国古代以追求实用价值、反映等级礼制或体现民族特色为目的的鞋履制品。其中，鞋尖上翘是中国古代鞋最典型的特征之一，如秦汉时期的翘头履，又如秦始皇陵兵马俑所着的能表现出不同等级的鞋履形制，体现了定制化、差异化的特点。历史记载，商代贵族脚穿翘头船式样的翘头鞋。在河南安阳殷墟出土的商代玉人，头戴高巾帽，穿右衽高领窄袖衣，腰间束带，前系铧，裳裙曳地，足下穿圆头靴。如图1－2所示，四川广汉三星堆商代遗址出土的线刻妇女像中，人物明显穿着厚底翘头样式的翘头鞋。1973年秋，青海大通县上孙家寨遗址出土了一件氏族公社时期的马家窑文化陶器，其上画有人穿着的鞋鞋尖上翘。1975年，湖北江陵凤凰山秦墓出土的一件木篦上，画有三个男子，其内穿着翘头鞋。

图 1－1　长沙楚墓出土的鞋

图 1－2　线刻妇女像

资料来源：《中国鞋履文化史》。

在西方，欧洲人对鞋子的要求高，正因如此，许多传承百年的顶级手工定制鞋品牌得以留传，在满足人们穿着舒适的前提下，其手工鞋制作工艺水平也达到了一定高度。

中世纪时期，欧洲人痴迷于一种由皮革制成的尖头鞋，这种鞋名为“Poulaines”，在 14 世纪风靡整个欧洲大陆。尖头鞋的形状通常很窄，长长的鞋尖部分用鲸须、羊毛或苔藓支撑（图 1－3）。为了保持这种夸张的造型，人们会在鞋尖放一些填充物。因鞋尖过长，妨碍行走，所以人们会把鞋尖向上弯曲，用金属链把鞋尖拉向膝下或脚踝处。

图 1－3　欧洲尖头鞋

经历了三次工业革命后，社会生产力和生产效率显著提高，定制产品逐渐走进人们的生活，并出现了大规模个性化定制的理念。大规模个性化定制结合了按需制造和量体制造两种方式。总体而言，根据历史时间、目标对象、消费者需求和参与程度的不同，定制可以分为定制 1.0 阶段、定制 2.0 阶段、定制 3.0 阶段和定制 4.0 阶段。

1.1.1.1　定制 1.0 阶段

定制 1.0 是指满足生理需求的定制模式，该模式的出现受制于当时生产力不足。定制 1.0 阶段处于工业革命以前，所有的皮鞋和服装均采用手工量体、剪裁、制作。由于定制市场覆盖消费者范围较广，而手工制作工艺烦琐且设备落后，导致定制的效率低下，定制 1.0 阶段对鞋履定制的需求可理解为从无到有，开始仅为满足人们基本穿着需求，而其他方面的需求几乎没有，这是一种模糊的定制模式。

《南齐书·张融传》中记载，南朝齐国官员张融深受齐太祖萧道成的器重和宠爱，说他是“不可无一，不可有二”。某次，萧道成派人送给张融一件旧衣服，说是自己以前穿的，现已让裁缝根据他的身材改做好了，一定会合身的。此举令张融非常感动。“量体裁衣”一词即由此出（图1—4）。

图1—4　《南齐书·张融传》“量体裁衣”故事塑像

在欧洲，从事鞋类制作的匠人在长期制鞋的过程中积累了丰富的手工制鞋经验，由此产生了家庭式制鞋小作坊。最初的制鞋小作坊仅仅是完成制鞋的最后工序，工人将现成的鞋料进行组合、拼装、上底，最终做成成品鞋。手工定制鞋的生产主要集中在意大利、英国和西班牙。意大利更是将手工制鞋、皮具作为国家文化的象征。在手工制鞋方面，意大利在人才培养、技术研发、材料创新以及产品销售等方面都建立了较为完善的体系，并掌握着历史传承的不可复制的高价值手工定制鞋技术，因此，意大利定制鞋至今闻名于世。

1.1.1.2　定制2.0阶段

定制2.0阶段是指外观或职业的定制，并不涵盖1对1的精准匹配。工业化之后，定制市场所覆盖的消费者范围逐渐缩小，可理解为开始针对某些具体的用户提供限量产品。商家开始对消费者的需求进行简单分类，生产满足该特定市场的产品，这是定制市场细分的初级阶段，此时的定制逐渐标签化、明确化，如限量版的皮包、手表等。这些产品的主要特征是满足一部分特定用户的特殊需求。

从定制1.0阶段发展至定制2.0阶段，定制鞋已不只是满足消费者的穿着而面向细分的需求。定制所面对的消费者更加精确，是从广泛的群体落实到一部分群体，因此，鞋类产品的定制还发展出功能性、职业性定制需求，例如，上班工作的正式职业鞋款、外出游玩的休闲舒适鞋款和专业运动的运动型鞋款等。

随着定制市场的发展以及足部相关领域问题研究的深入，定制鞋类更加细分，功能定制出现了。消费者希望通过穿鞋达到某些特定的效果，如增高、医疗矫正等。此外，针对疾病或运动产生的一些足部问题，出现了如面向糖尿病足患者、脊柱侧弯儿童的定制鞋；以及通过对扁平足群体的脚部形态和行走步态进行深入分析，开发出可以改善足底压力的鞋类产品及配件。

对鞋类功能、性能要求的增加意味着消费者想穿“好”鞋，消费者的心理开始发生变化，个性化的产品越来越受到消费者的青睐。生产商家开始关注消费者心理并试图满足其需求，导致消费者的想法逐渐开始影响产品的设计生产，这表明了消费者参与产品的设计程度逐渐加深。定制产品已从一件普通的商品变为一种带有群体意义的符号。最具代表性的定制鞋为 AIR JORDAN 系列球鞋（图 1－5），借助 NBA 球星乔丹的影响力，迅速成为篮球鞋市场中的明星产品。Air Jordan 1s 于 1985 年 3 月以每双 65 美元的价格进入商店。30 多年后，AIR JORDAN 系列球鞋已成为篮球鞋领域的标杆。

图 1－5　AIR JORDAN **系列球鞋**

1.1.1.3　定制 3.0 阶段

定制 3.0 阶段是基于用户数据的个体化定制，即采用新的技术手段精确获取用户信息，生产更加符合用户个人特征的产品。定制市场的消费者范围已经从小部分群体精准定位到个体。定制 3.0 阶段具有精准性、局部性、规模化等特点。

定制 3.0 阶段延续了定制 1.0 阶段的合脚性需求，并发展成精准地满足个体的尺码、型号等属性，让鞋子成为个人专属产品。除了满足合脚性和功能性等基础需求，这一阶段的定制还需要满足一定的艺术性，即风格、品位。消费者开始追求符合自己审美的产品，还尝试依照自己的意愿及喜好参与定制过程，想要穿“最好”的鞋。定制 3.0 阶段有两种主要形式。

消费者在企业制定的标准范围内进行选择，首先选取部分合适的鞋款将其拆分为色彩、材质、造型等模块，在规定的操作下选择可定制部分。从消费者参与设计的程度来看，这种由消费者在企业已经确定好的标准中进行选择、搭配的过程，可以定义为半定制。半定制可看作大规模的个性化定制，基于大数据进行生产。

高端鞋款定制则代表了全定制，从脚型的测量、楦型数据的转换、鞋类款式的设计、材料的选择、工艺的制作到提供服务各项环节，消费者均亲自参与，产品完全按照消费者选择的方式进行专门制作。消费者定制的产品变为完全带有个体意义的符号。

从某种程度来讲，3.0 阶段的定制可看成协作定制。通过企业与消费者的协作确定定制方案，能够较大限度地满足消费者的需求。如前期测量时，借助步态和压力分析技术，对消费者的足部形态进行扫描，将脚型数据转化为楦型，生产真正适合其脚型的鞋。协同定制能最大限度地满足消费者对鞋的合脚性、舒适性、美观性的需求，是真正意义上的鞋类产品定制模式。

以红蜻蜓定制模式为例进行介绍，红蜻蜓个性化定制有三个主要模块：

（1）脚型扫描模块。实现人体脚型的三维逆向工程，通过对脚型建模并对脚型数据进行实时分析，快速建立脚型标签，如尺寸标签和足弓类型标签。

（2）产品标签化模块。实现鞋类产品从数据到产品的标签化的建立，如鞋楦、产品风格、产品类型的数字化标签。

（3）个性化定制模块。为用户提供产品的自主设计，可以在线定制鞋类产品的材料、颜色、鞋底类型和个性化 Logo 等，同时还包括下单后的柔性制造体系。

红蜻蜓定制模式界面如图 1−6 所示。

图 1−6　红蜻蜓定制模式界面

1.1.1.4　定制 4.0 阶段

定制 4.0 阶段是基于规模化用户进行规模化定制，即运用大数据、人工智能技术，根据用户数据和消费行为精确生成用户的产品需求清单，从而提供定制化产品和服务。定制 4.0 阶段的市场覆盖消费者为规模化的个体，即从单个个体发展为多个个体，具有针对性、科技化、人性化等特点。

在定制 3.0 阶段，消费者参与设计的过程主要是选择尺码、型号、色彩、材质、款式等，直接接触产品；而企业主要为产品部件进行模块化分类，各个模块分别进行批量生产。而在定制 4.0 阶段，企业变被动为主动，跟踪、捕捉消费者的消费行为，分析数据，掌握每个消费者的消费规律及特点，按照消费者的个性化需求打造全新的鞋类产品定制服务，从而增加消费者的忠诚度及黏度，让消费者穿“更好”的鞋，享受更好的服务。

定制 4.0 阶段是智能化零售转型升级的关键时期，是传统销售服务概念变革的阶段。从原有的企业为个体提供定制化产品发展为企业为个体提供定制化服务+产品。

如今，新兴企业智慧门店运用大数据等信息化技术，以消费行为理论为支撑，不断升级生产设备及技术，充分满足消费者的想法和要求，让消费者的购物体验发生了翻天覆地的变化。

传统的鞋类零售业务模式是陈列较多的款式让用户选择、试穿、购买，这种模式需要一定的产品库存保有量，导致企业压力巨大。而基于智慧零售技术的个性化鞋履定制，依托人脸识别和脚型三维逆向工程技术，实现用户关键数据的采集，建立对应标签，同时鼓励用户参与产品的设计过程，满足用户的个性化定制需求。

以红蜻蜓的智慧零售终端业务模式（图 1－7）为例，其主要有以下四个方面的优势：

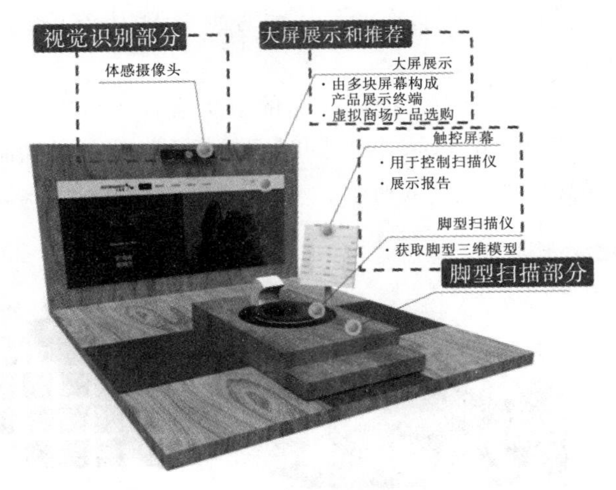

图 1－7　红蜻蜓的智慧零售终端业务模式

（1）通过大屏实现线上选购，门店仅保留试穿产品，不需要大量的产品库存，从而节约了门店面积，降低了运营成本，有助于提高店铺坪效。

（2）传统门店消费者的购买通常是匿名的（除会员外），消费者的复购主要依托其对品牌的忠诚度，使得品牌对用户的关键数据知之甚少。而智慧零售终端业务模式通过人脸识别和脚型扫描了解用户的关键信息，品牌能更加精准地进行产品研发和推荐服务，提高营销的精确度。

（3）智慧零售终端业务模式建立了推荐算法，能够帮助顾客在产品选购过程中做出决策，提高购买效率。

（4）针对产品属性提供个性化选择，为用户提供更多的自主选择空间，依托红蜻蜓的柔性供应链系统，实现按订单生产，避免了大量库存现货的挤压，从而提高产品的利润率。

1.1.1.5　四个定制阶段的对比

四个定制阶段的特点见表 1－1。

表 1－1　四个定制阶段的特点

阶段	定制 1.0 阶段	定制 2.0 阶段	定制 3.0 阶段	定制 4.0 阶段
面向对象	广泛群体	细分群体	单个个体	规模化个体
流程特点	模糊	标签化、类型化	精准性、规模化	针对性、科技化、人性化

续表1－1

阶段	定制 1.0 阶段	定制 2.0 阶段	定制 3.0 阶段	定制 4.0 阶段
产品特点	满足基本穿鞋需求，无过多个性化要求	聚焦于确定群体的功能性（环境、场合）	合脚性（尺码、型号）、功能性（环境、场合）、艺术性（风格、品位）	精确推荐最优艺术性产品，提供定制化服务＋产品
设备技术	以传统手工制鞋为主，少量采用初级制鞋机械	新型材料、工艺和设备，结合人体生物力学的测量方法	脚型扫描技术、CAD 技术、CAM 技术、柔性制鞋系统等	大数据技术、人工智能技术、智慧零售终端技术
竞争优势	代表身份和地位	提升产品的附加值，形成品牌竞争优势	最大限度地满足消费者对鞋的合脚性、舒适性、美观性的需求	提高品牌忠诚度、客户黏性，增强互动的人性化

1.1.2　鞋履定制代表性企业

1.1.2.1　太美鞋业（2010—2012 年）

（1）太美鞋业简介。

太美鞋业是互联网鞋业先驱。太美鞋业率先提出数字化和标准化工厂，为我国制鞋企业的转型发展进行了积极的探索。2010 年，太美鞋业通过旗下自主品牌 UFO（Universal Footwear Ordering，全球鞋业定制）在淘宝平台上创造了上线仅 8 个月、稳居销量第一、日均访问人数达到 28 万、收藏量超过 30 万的傲人成绩。品牌传达的主要思想是为消费者想要什么而努力，同时改变传统的销售格局。UFO 首先提出了线上鞋类预售，以先预订、后生产制造的理念，使消费者享受价格优惠，并为生产制造商带来按需生产的红利。

太美鞋业的创始人闫丹，针对数字化和标准化工厂定义了鞋业工厂的新模式——“中央厨房”。这里有制造标准和标准化机器，鞋类产品均按照标准化操作手册进行加工。同时，太美鞋业开始自己建工厂、建生产线，引入超业界平均水准的先进机器和流水线，并将处于顶峰状态的 UFO 从淘宝平台撤出，专心建厂并整合供应链。

（2）太美鞋业案例的启示。

太美鞋业过于超前的方案并未完善产品与顾客之间的弱关系，导致产品销量下滑，加之工厂管理及资本相关问题，太美鞋业最终失败。太美鞋业案例主要有以下三个方面的启示。

①低估了跨界整合升级传统行业的难度。

太美鞋业的主要发展规划是正确的，但低估了跨界融合传统制造业与互联网电子商务的难度。太美鞋业毫无准备地从一个轻资产的互联网电子商务企业进入重资产的传统制造行业，试图完成基于重资产的产业升级。但是，由于低估了转型升级的难度，同时也没有找到可靠的合作伙伴，以致在自建供应链的过程中耗费了大量的时间、精力和资金。

②做出错误的战略决策。

太美鞋业的优势主要是营销，其创新性的预售制度、极快的产品更新速度，使得太美鞋业能够在众多同质化的电子商务销售商中脱颖而出。但遗憾的是，太美鞋业没有在品牌最辉煌的时候打造品牌，铸就技术壁垒，反而纠结于传统生产和制造，错误的战略决策是其最终走向失败的主要原因。

③定制产品时间长，质量无法保证。

从市场的角度来看，在太美鞋业最辉煌的时期，定制市场还很小，定制产品并未获得大多数消费者的认可。

从模式的角度来看，太美鞋业的定制通常是借鉴大牌鞋款并对局部改款，以样鞋图片进行预售，接到一定订单后再批量生产。由于没有自己产品定位的“基本型”，以致定制初始阶段鞋款的基本部件种类太多，对前期备料生产造成巨大压力，在成本、物料及工序上都产生了不确定和不可控的影响因素。生产周期过长，接到大批量订单后，无法在有限时间内完成产品，且产品质量无法得到保障。

1.1.2.2 Lamoda 鞋业（2015—2017 年）

（1）Lamoda 鞋业简介。

Lamoda 鞋业是继太美鞋业之后第二家提出“定制模式+中央厨房”的企业。Lamoda 鞋业早期主要围绕女跟鞋产品进行定制，并采用特殊皮革体现产品的独特气质。Lamoda 鞋业定位为以卓越的品质、时尚的设计进行个性化的一对一的生产，按照 C2M+O2O 模式运作，为消费者提供全新的时尚审美和网络购物体验。

Lamoda 鞋业 2016 春季 DIY 产品如图 1-8 所示。

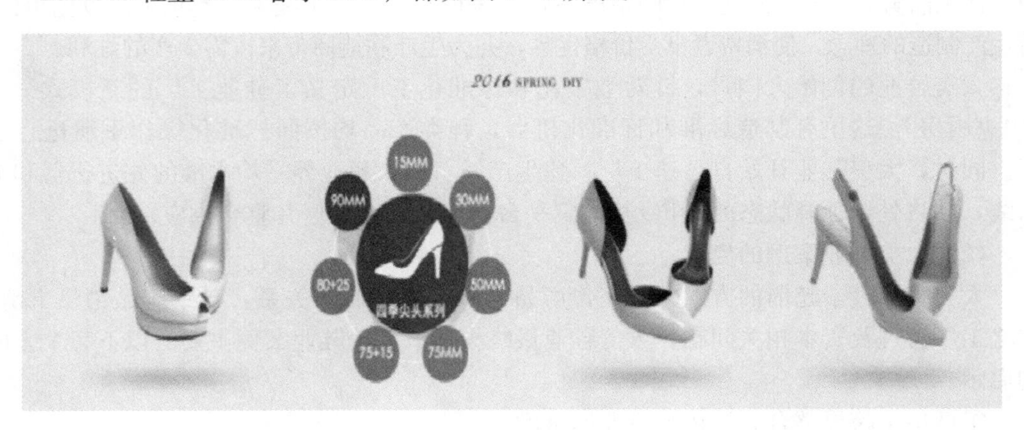

图 1-8　Lamoda 鞋业 2016 春季 DIY 产品

Lamoda 鞋业主打 3D 时尚定制，运用 3D 脚型扫描、3D 鞋楦模型调整、3D 数控加工等技术在 Lamoda 系列母楦的基础上根据客户的特殊脚型做相应调整，并形成用户的专属鞋楦，在尽可能保证高跟鞋舒适度的情况下，还原鞋子线条，保持鞋的美感。

Lamoda 鞋业的产品主要以真皮女跟鞋为主，DIY 定制鞋按照鞋头形状分为鱼嘴、尖头、圆头、方头四个系列，每一个系列可依据“N 款式×N 面料×N 颜色×N 配饰

$\times N$ 跟型$\times N$ 大底”构成多种特色鞋品搭配方案。

综合而言，Lamoda 鞋业的模式如图 1—9 所示。

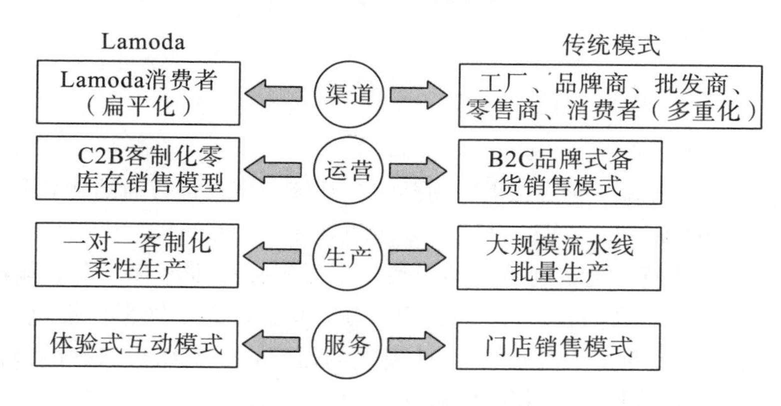

图 1—9　Lamoda 鞋业的模式

巅峰时期的 Lamoda 鞋业在 14 个城市布局超过 40 家门店。

（2）Lamoda 鞋业案例的启示。

Lamoda 鞋业作为继太美鞋业后的第二家定制企业，在短短几年时间后便被消费者逐渐淡忘，其存在的主要问题有以下四点：

①主业产品赛道选择的问题。

Lamoda 鞋业初创阶段，主推产品选择了女跟鞋产品，而女跟鞋定制难度较大，用户舒适度诉求高，产品一次满意度不高，增加了产品制造和运营的潜在成本。如果 Lamoda 鞋业在女跟鞋品类取得成功，则能够逐步开展男鞋、童鞋等业务，形成定制业务的生态体系。然而，其对女跟鞋产品复杂度、舒适度的研究以及 Lamoda 鞋业实施的标准化并不足以满足业务的需要。

②供应链管控不力，导致成本较高。

供应链的管控对于定制企业非常关键，一方面能够确保产品的品质，另一方面能够确保产品的交期。品质和交期作为定制行业的两大关键点，是确保定制业务开展的关键。Lamoda 鞋业在早期便着手自建供应链，并招募行业专家搭建。然而，传统制造业的非标准化以及团队管理的复杂度均超过了预期，结果导致供应链端并不能满足终端的要求。

③扩张速度较快，资本接力出现问题。

随着商业模式的逐步建立，Lamoda 鞋业开始了模式复制和渠道扩张的阶段。Lamoda 选择的渠道基本是购物中心，从渠道的角度来看，符合新中产和新零售业务布局。然而，门店高昂的运营成本和定制业务的成交量远不能匹配，在 40 家线下终端中，仅有少数能够实现保本和微利运营。在早期，Lamoda 鞋业有资本加持，能够开出较为诱人的合作条件，然而随着运营的深入，特别是在没有较为稳定的销售量的保障下，线下门店的拓展成为发展瓶颈。

④产品线扩张，男鞋和皮具产品占用主业资源。

Lamoda 鞋业在没有完全实现女跟鞋产品盈利的前提下，便开展了男鞋和皮具业务。增加产品线虽然有助于增加门店营收，但从本质上打破了品牌所塑造的“女跟鞋时尚定制”的用户认知；另外，增加业务线也占用了 Lamoda 鞋业的资源和资金，最终成为主业务发展的障碍。

1.1.2.3 必要网平台

（1）必要网平台简介。

必要网平台是由乐淘网创始人毕胜创办的，其核心模式是打通消费者和制造商，消除从制造到零售的所有中间环节，从用户需求直达工厂（C2M），让用户、平台和厂商实现三方共赢。C2M 模式是定制追求的极致，即无限接近零库存，彻底颠覆了传统零售行业的商业模式，解放零售效能。2016 年 7 月 30 日，必要网平台经过一年的运营，实现了几十个品类、近 500 款产品的 C2M 模式的运营，凭借用户口碑的传播，在一年时间内获得了 180 多万用户，销售额突破一亿元。

必要网平台的模式重点解决了零售的痛点，即导致线上垂直零售无法获利，使传统企业利润微薄的核心问题——库存。库存模式是传统零售行业的主流运营模式，然而随着快时尚的迅速发展，品牌商需要更快速地反馈消费趋势的变化，这使得上一批产品还没有进入生命周期的黄金时间就面临着结束的风险，由此造成了大量产品的库存积压。必要网平台通过建立品质和交期标准，与具有国际品牌贴牌生产经验的制造商合作，共同为用户提供去品牌化、高性价比的产品。必要网平台的模式也被称为“第三代电商模式”，即通过用户订单反向驱动供应链的定制化制造模式，如图 1－10 所示。

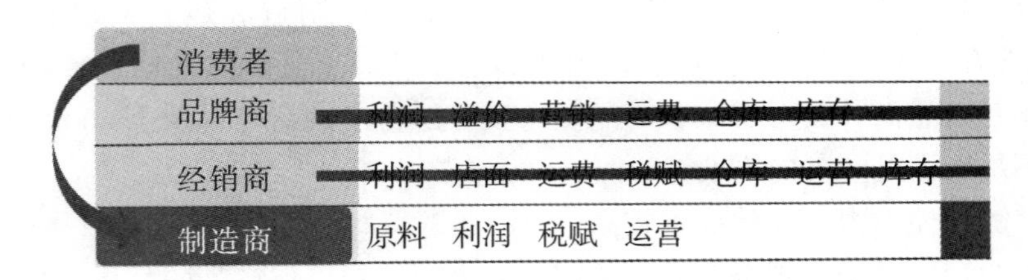

图 1－10 必要网平台的模式

（2）必要网平台案例的启示。

必要网平台的成功，在于创始人关注到经济危机时期的出口萧条，看到了中国制造的实力，将中国制造由出口转向内销，惠及国内消费者。必要网平台抓住自身优势，实现差异化竞争，成为电商中的一股新兴势力。

必要网平台的成功有以下三个方面的启示：

①传统鞋类制造业与互联网融合的改造是非常必要的，特别是对供应链的赋能，能够激发鞋类制造的潜能。然而国内各品牌重营销、轻供应链的现象仍然非常普遍。必要网平台的实践，也为这些品牌提供了参考。

②去品牌、性价比为王的趋势愈发显著。无论是必要网平台，还是网易严选等，都主打精致生活产品，面向新中产阶级提供生活解决方案。因此，我国鞋类制造业也应该抓住机遇，努力提升产品品质和品牌价值，不能一味靠低价位占领市场，而是应有与国际品牌一决高下的信心和勇气。

③定制的内涵十分丰富，以鞋作为定制业务的切入点是非常可行的。因此，必要网平台的实践为国内品牌定制业务的开展提供了非常好的学习样本。

1.1.3 鞋履定制产业的PEST分析

1.1.3.1 鞋履定制产业的宏观政策环境（Political，P）

2015年5月，国务院正式印发《中国制造2025》，为中国制造的转型发展描绘了宏伟蓝图。2016年3月5日，在第十二届全国人民代表大会第四次会议上，李克强总理在《2016年国务院政府工作报告》中专门指出，“鼓励企业开展个性化定制、柔性化生产，培育精益求精的工匠精神，增品种、提品质、创品牌”。由此可以看出，制造业的创新与转型发展已经上升到中央政府政策决策层面。个性化定制与柔性化生产是实现制造业转型与“中国制造2025”的重要抓手。

制鞋产业的个性化定制和柔性制造的发展，是“互联网+”的发展典范。“互联网+”代表一种新的经济形态，其核心是依托互联网信息技术赋能传统产业，通过优化生产要素、更新业务体系、重构商业模式等途径来完成经济转型和升级，最终提升经济生产力，增加社会财富。“互联网+”作为“中国制造2025”的重要战略举措之一，将长期享受政策红利的支持。因此，定制业务作为“互联网+制鞋产业”的重要抓手，我国充足的宏观政策空间将赋予其巨大的优势。

1.1.3.2 行业经济形势分析（Economic，E）

制鞋产业属于传统劳动密集型产业。我国鞋类产品出口主要集中在美国、俄罗斯、日本，以及欧洲、东南亚等国家和地区。当前，我国年人均鞋类消费为3双，而世界发达国家年人均鞋类消费最高为7双，我国居中等水平，且潜力巨大。

目前，中国制鞋产业发展存在着以下五个方面的不足：

（1）中小微企业数量多，核心竞争力不足。国内制鞋企业大部分为中小微企业，其主要产品是中低端鞋类产品，同质化严重，常采取低价恶性竞争。这些问题的本质是流行信息来源不足，原创设计人才欠缺，渠道和顾客错位，差异化销售平台空白，知识产权意识薄弱。而中小微企业由于资源、资本和渠道的局限，仅通过自身努力是无法实现核心竞争力的提升的。

（2）企业对生产要素的整合和优化能力弱。随着制造业整体生产成本的上升，处于资本边缘的制鞋产业所具有的传统优势逐渐减弱。同时，技术、土地、资金等方面的制约因素愈加突出。

（3）数字化、信息化技术与制鞋产业融合能力薄弱。多年来，我国制鞋产业一直是典型的粗放型劳动密集产业，一方面，鞋类新产品的研发主要依靠模仿及二次开发，缺乏先进的数字化技术和工具；另一方面，企业经营主要为“人治”，缺乏信息化技术的投入。而中小微企业无力承担高昂的技术费用，也缺乏使用这些技术的专业人才，导致企业发展陷入恶性循环。

（4）绿色发展水平亟待提高。随着近代工业的发展，制鞋产业产生了巨大的环境和生态问题。同时，不合格鞋类产品的重金属超标、有机类化学物质超标，也严重威胁着人类的健康。

（5）中小微企业孵化不足，缺乏全方位的有效指导。中小微企业迫于生存压力，不得不迎合市场的多样化需求，从而出现发展定位偏差。由于缺乏有效的孵化机制和指导，中小微企业孵化不足，不能够有效解决企业面临的发展问题。

1.1.3.3 鞋履定制产业的社会环境（Social，S）

社会环境决定了消费方向。当前社会的消费理念和消费方式正处于变革期，一方面是信息技术和互联网技术所带来的信息爆炸，另一方面是“90后”“00后”新一代消费阶层的快速成长。其主要特点是快时尚、个性化、去品牌化。在快时尚方面，全球快时尚浪潮培养了新一代消费者的消费习惯，主要表现在对于款式更新，追求频率高、速度快。为了迎合消费者，企业必须采取小批量、多品类的制造模式。在个性化方面，新一代消费阶层越来越厌倦大规模生产的产品，更加注重个性的表达。在去品牌化方面，新中产阶级的消费习惯推动了主打精致、有品位、产品价格亲民的平台的发展，其消费理念注重“实惠”“物超所值”。

另外，定制产业的发展与大健康产业紧密相关。随着运动健身的普及，运动损伤问题逐渐显现。造成运动损伤常见的原因有不正确的运动姿势、过量的运动、穿着不合适的鞋等。以常见的慢跑运动为例，穿着不合适的鞋常常是造成运动损伤的主要潜在原因。因此，运动鞋的定制，特别是专业运动鞋的定制具有非常广阔的发展空间。

1.1.3.4 鞋履定制产业的技术环境（Technological，T）

技术的变革在很大程度上推动了商业模式的变革。个性化定制的技术不仅涉及人体测量技术、数字化建模技术、AI算法技术，还涉及新材料的应用、柔性制造模式以及信息化处理的能力。

鞋履定制产业的技术及设备主要有以下六个方面：

（1）人体测量技术：主要采用逆向工程设备对足部或下肢进行扫描和建模，并开展模型的分析。这是实现定制的基础技术，目前应用广泛，有较多的成熟产品，如德利欧科技有限公司的三维脚型扫描设备和人体扫描设备。

（2）数字化建模技术：在鞋靴领域，数字化建模技术的重点是针对鞋楦与脚型数据进行匹配和建模，主要是针对脚楦匹配的关键点，进行建模设计。建模过程主要包括逆向建模和顺向建模，还包括参数化建模等。

（3）AI算法技术：AI算法技术已经广泛用于人脸识别、穿衣风格识别和消费行为识别。AI算法技术的应用能够使脚楦匹配更精准，让品牌更加了解用户，从而提出更加有效的营销和产品设计策略。

（4）新材料技术：定制产品往往有别于常规产品，一方面需要差异化的风格和设计，另一方面需要绿色和环境友好的材质，从而满足定制服务对象的要求。

（5）信息技术：应用先进信息技术建立快速反应机制，准确把握定制市场的需求，优化整合企业资源，实现信息的有效共享，提高制鞋企业的定制管理效率，降低管理成本，快速适应市场趋势变化，提高核心竞争力。品牌可利用采集技术对客户消费的信息进行采集，整理分析，精准定位，提升客户忠诚度，使用户和品牌之间的连接更加紧密。

(6) 自动化、智能化设备：自动化、智能化设备可以提供低成本的定制产品。使用自动化、智能化设备获取用户脚型数据、消费者行为数据等，并推荐到柔性制造的全过程，可以同时满足生产者和消费者的需求，打造全方位的个性化定制生产制造系统。

1.1.4 当前鞋履定制产业的发展水平分析

我国鞋履市场仍处于培育阶段和消费者教育阶段。定制产业发展不均衡。一方面，知名品牌于2017年后在定制业务上逐渐发力，先后推出定制品牌或定制产品；另一方面，定制作为工业1.0的产物，存在于市场的头、尾两端，位于“头”的高级定制和位于“尾”的一般个人定制，都需要满足顾客的个性化需求。定制产业的这几种模式需要实现的目标都是一致的，即满足顾客的穿鞋需求，其在技术层面上差异很小，有的差异主要体现在服务水平上。经过一段时间的发展，笔者认为头、尾两种模式将仍然存在，而定制品牌的定制模式将发展成依托智能信息技术的大规模个性化定制，从而带给品牌新的发展契机。

我国个性化定制处于世界先进水平，参与定制产业发展的企业数量多，定制相关信息技术、互联网技术及设备具有优势，同时具备完整的供应链体系。通过互联网赋能传统制造业，其效果是显而易见的。

功能性鞋履定制目前主要在医疗健康体系运行，针对假肢矫形及康复领域。传统的矫正主要是由医生评估并定制矫形器具，为了匹配特殊的矫形器具，需要定制特殊的鞋以满足行走要求。随着亚健康类矫正需求的增加，越来越多的矫正类鞋垫在市场推出，定制化或半定制化的矫正类鞋垫同样需要特殊设计或特殊改造的定制鞋进行匹配。然而，我国功能性鞋履定制技术仍然以手工为主，数字化扫描和数控加工的制作方法应用较少，缺乏核心的矫形数据库及模型库。在理论研究方面，我国虽然起步晚，但进展较快，特别是在运动医学领域取得了较大突破，在一些细分领域处于国际领先水平。研究与医学实践的紧密结合越来越受到人们的肯定与重视。例如，对足底压力的研究为足部疾病的预防和诊断带来了积极影响；对人体步态、足底压力的研究推动了医疗康复和运动领域的发展，促进了对帕金森综合征、偏瘫症和糖尿病等患者的步态研究。尽管我国功能性鞋履定制仍处于起步阶段，但随着更多理论研究的开展、先进测量装备和加工装备的广泛应用，我国功能性鞋履定制在未来将有较大的提升。

我国鞋履定制的发展主要表现在以下八个方面：

(1) 绿色发展。制革从本质上来说就是资源的循环和利用，制鞋则是将皮革变成能够实现保护、保暖、耐用的产品，极大地推动了人类社会的发展。制革和制鞋的核心是绿色发展方式和技术，这对于提升鞋类产品品质和保障消费者的安全和健康十分重要，是实现产业可持续发展、行业转型升级的必要举措。基于绿色理念进行产品构思、采用绿色设计方法进行产品设计、运用绿色的材料和工艺完成鞋类产品的生产和制作，是中国鞋履定制产业的重要表现。

（2）新零售模式发展。传统鞋类产品零售模式是通过预测顾客需求来研发产品，采用规模化生产来降低产品的生产成本，再以能够接触顾客的网点实现产品销售。传统零售模式经过数十年的发展，可能使企业产生大量产品滞销，成为影响企业发展的重要因素。因此，提升预测的准确性，新建网点和规模化的供应链体系成为当前制鞋产业需要解决的关键问题。

传统零售模式在互联网发展的冲击下，已经发生了深刻的变革。首先，消费者的自身需求发生了巨大改变，从被动选购产品转变为主动参与设计、制作符合个人喜好、风格和尺寸的产品；其次，产品的标签丰富多样，产品细分更加集中，使消费者对自己的定位更清晰；最后，传统的线下门店转变为体验产品和服务的网店，线上与线下的结合成为主流，使消费者有更加多元化的选择。在人工智能等新技术的推动下，这些转变逐渐发展成新零售模式。鞋履定制产业完美地诠释了新零售模式中的人、货、场。

（3）个性化需求逐渐变大。随着消费升级的进一步推进，消费者对于鞋类产品的需求不再是简单的满足外观和价格，而更加注重体验过程的参与感、产品的舒适度和品质、服务的定向化和精准性，因此，以个性化产品和服务为经营目标将成为未来制造业变革的主要模式。

（4）鞋履定制推动制鞋产业数字化和信息化转型。随着信息化、数字化和智能化水平的不断提高，中国制造产品的能力和品质获得了巨大提升，为制鞋产业的快速发展奠定了技术基础。制鞋企业要进一步落实与高等院校、科研院所等研发机构关于创新研发与技术转化的合作，实现制鞋行业的数字化、信息化发展。制鞋 CAD/CAM 技术处于升级发展阶段，企业对创新设计、产品研发、高端制造的 CAD/CAM 系统逐渐表现出刚性需求。三维数字化技术、3D 打印技术、3D 开模生产、3D 飞织纺织技术等有助于制鞋行业的快速发展。通过数字化设计不断增加产品的科技含量、提高企业的快速反应能力、缩短研发周期、减轻劳动强度、改善工作环境、降低研发成本、提高企业的整体设计水平。

（5）标准化、自动化和智能化改造得以实现。随着转型升级需求的释放，制鞋企业为了降低制造成本、解决用工难题，大多采取缩减流水线数量，利用自动化制造来提高生产效率。在未来，智能制造一定是制鞋产业的发展方向。研发高智能的制鞋流水线及配套设备（如针对鞋的冷粘工艺开发国产智能机器人机械手臂，研发制造打磨、刷胶、喷涂等装备，解决制鞋工艺中的关键技术），建立制造执行系统（Manufacturing Execution Systems，MES），建设智能装备、智能产线、智能车间、智能工厂，这些不仅需要自动化和智能化领域的科技成果，而且需要物联网、云平台等技术的相关理论与应用。

（6）人工智能技术和大数据技术的融合发展。大数据技术为建立脚型数据库提供了保证，为智能设计、个性化定制鞋的量产提供了可能。在零售产品推荐、顾客引流、产品试穿、销售和售后跟踪、重复购买等环节，大数据技术和人工智能技术发挥着显著的作用。融合人工智能技术和大数据技术是未来零售行业的发展方向。因此，人脸识别技术、射频识别技术、智能推荐技术等的成果转换对于提升鞋履定制业务的效率将发挥重要的作用。

（7）新材料的广泛应用。除在流行要素方面吸引消费者外，产品的舒适度、安全性、卫生性也是重点，广泛应用新材料成为制鞋行业的核心技术之一。打造功能性成为增加鞋类产品附加值的一大亮点。材料科学技术迅速发展，防水透气材料、保温材料、智能感应材料等的应用受到广泛关注。如户外鞋需要使用防水透气材料，冬季鞋类产品需要使用保温材料等。基于用户的不同需求，从产品材料的角度实现个性化鞋履定制，是定制的高级模式。

（8）细分功能性产品。功能性定制鞋类产品的类型逐渐增多。功能性鞋履定制在医学领域会越来越普遍，矫形器具及鞋类产品也将在运动医学、康复医学领域发挥重要作用。制鞋行业竞争越来越激烈，为了适应定制市场，鞋履定制必须满足舒适性和功能性等方面的需求，实现功能化定制。将人体力学、信息科学、材料科学与制鞋技术及工艺有机结合，研制新型功能性定制鞋类产品，满足用户更多的生活应用场景。

1.2　中国鞋履定制市场规模

1.2.1　整体市场规模分析

2017年，中国鞋类销售总额为3819亿元，同比增长5.5%。其中，女鞋占市场销售总额约48%（1833亿元）、男鞋约占38%（1451亿元）、童鞋约占14%（535亿元）。据Euromonitor预测，到2021年，中国鞋类市场规模有望达到4874亿元。中国是消费大国，当前人均鞋类产品消费不足3双，与发达国家的人均7双相比仍有一定差距，未来中国的鞋类产品消费潜力将达52亿双。随着消费趋势的变化，尤其是新中产阶级的崛起，市场正逐步发生改变。一方面，鞋类作为人们日常生活的必需品，正逐渐从功能需求向个性化需求、舒适性需求转变；另一方面，消费者不再简单追求产品的价格和基本功能，而是追求产品的美学价值和精神价值。因此，鞋类产品的生产需要新技术、新材料和新商业模式。在当前互联网革命的大背景下，消费者的个性化需求被放大，如何适应这些变化，抓住由此带来的商机，是企业迫切需要解决的问题。

定制产品的服务对象更加关注新中产阶级。胡润研究院发布的《2018中国新中产圈层白皮书》指出，截至2018年8月，中国中产阶层（一线城市家庭年收入在30万元以上、二线城市家庭年收入在20万元以上的城镇居民）家庭数量达到3321万户，预计达6000万人。根据《经济学人》的预测，到2030年，中国中产阶级人口将超过2亿（年收入超过20万元）。新中产阶级的基本面貌为年轻有为（人群平均年龄35岁，基本拥有本科及以上学历）、家庭美满、积极向上。另外，中国新中产阶级的消费理念为“轻价格，重品质”，针对衣、食、住、行的消费获得全面升级；新中产阶层家庭愿意在体验、感知生活和自我提升方面的消费投入更多。对于新中产阶级，日常消费不再只是体现功能性，不再以价格给产品定性，而是彰显个人品质和生活品位，满足“休闲、享受”的追求。香港贸易发展局在2017年1月针对中国内地8个城市2000名新中产阶级消费者进行的随机问卷显示，12%的受访者在过去1年内曾购买过定制产品，月收入在4万元以上的新中产阶级消费者购买定制产品的比例高达26%，在其所购买的定制产品中，定制鞋的比例约为41%。由此可粗略计算，新中产阶级消费者购买定制鞋占其他定制产品的比例为10.7%。由此可以推测，未来中国新中产阶级的定制鞋履的消费人群规模将达到642万（2018年）～2140万（2030年）人，按平均每人消费定制鞋类产品1000元计算，市场规模将达到64.2亿（2018年）～214亿（2030年）元。

《2017年度中国时尚消费调查报告》数据显示，近95%的受访者对个性化定制感兴趣，其中35%对鞋履定制感兴趣。2018年10月，吴晓波频道通过调研新中产阶级10万余人，发布了《2018新中产白皮书》。报告显示，新中产阶级人群中，“90后”占18.34%。因此，把握“90后”的消费喜好对于定制品牌来说是新的挑战。根据以上的数据预测，“90后”消费定制品牌的市场规模在60.5亿（2018年）～201.7亿（2030年）元。

1.2.2 细分市场规模分析

1.2.2.1 男鞋定制市场规模分析

随着居民生活水平的提升以及对生活品质和审美的提高，加之市场上男鞋的款式、品牌急剧增多，消费者对于个性化品牌的偏好以及男性对于鞋类产品的追求在不断进步。一般来说，男性消费者往往目标明确，在男性鞋类产品多元化的背景下，男性消费者若能得到及时、有效的引导，男鞋消费将持续增长，定制男鞋则将十分具有潜力。

分析当前市场可知，中国新中产阶级对定制的需求以及对定制产品的消费能力均高于一般消费者。鞋类定制产品的目标消费群体为有一定经济能力并有较明确的消费意愿和需求的消费者。从这一点出发，可以对新中产阶级和“90后”的男鞋定制市场规模进行预测分析。

根据2017年市场规模可知，男鞋销售额（1452亿元）为中国鞋类销售总额的38%。结合前文对中国新中产阶级鞋履定制市场规模的推算，男性鞋履定制市场规模为24.4亿（2018年）～81.3（2030年）亿元；“90后”男性鞋履定制市场规模为23.0亿（2018年）～76.6（2030年）亿元。

1.2.2.2 女鞋定制市场规模分析

现代女性不再满足于单一的消费，更倡导多元化的生活。女性消费者中，消费活动具有较大影响力的是中青年（20～50岁）女性。据调查显示，中国女性消费行为、观念和方式正发生根本变化，品质型消费越来越受到重视。相对于男性鞋类消费，女性鞋类消费频率更高。女性往往追求多样的款式，日常穿着和更新的频率高于男性。同时，季节变化、快时尚的冲击、生活多元化的追求和女性社会力量的增强都促进了女性消费鞋类产品更换频率的提高。当前社会女性消费已不仅是消费产品本身，而是消费产品代表的某种社会文化意义，这表明，女性消费更加重视产品的符号价值。市场上，定制鞋类产品覆盖消费群体更广，能够满足女性消费的心理需求，女性消费者可以通过定制产品来表达个性，从而获得精神享受。

与男鞋定制市场规模的分析方法一致，女鞋销售额（1833亿元）为中国鞋类销售总额的48%，得到女性鞋履定制市场规模为30.8亿（2018年）~102.7（2030年）亿元；“90后”女性鞋履定制市场规模为29.0亿（2018年）~96.8（2030年）亿元。

1.2.2.3　功能鞋定制市场分析

（1）糖尿病足人群功能鞋定制市场分析。

糖尿病足是糖尿病的主要慢性并发症之一，指发生在糖尿病患者身上的与局部神经异常和下肢远端外周血管病变相关的足部感染、溃疡或深层组织破坏。它是下肢截肢，特别是高位截肢和再次截肢，甚至死亡的主要原因。2010年，中国疾病预防控制中心和中华医学会内分泌学分会应用1999年WHO诊断标准调查了中国18岁以上人群的糖尿病患病情况，结果显示糖尿病患病率为9.7%，约有1亿人。我国50岁以上糖尿病患者的下肢动脉病变患病率为19.47%~23.8%；糖尿病患者下肢截肢的相对危险是非糖尿病患者的40倍，约85%的截肢是由足溃疡引发的，约15%的糖尿病患者最终会发生足溃疡。由此可以初步估算，糖尿病足人群的功能鞋定制市场规模约为2100万人［1亿人×21%（平均发生率）］。

（2）脊柱侧凸儿童青少年功能鞋定制市场分析。

脊柱弯曲异常是危害儿童青少年身心健康的常见疾病之一。根据国际脊柱侧凸研究学会的定义，脊柱侧凸是应用Cobb法测量站立正位X线影像的脊柱侧方弯曲，如角度大于10°的身体姿态异常。根据我国现有文献，我国儿童青少年脊柱侧凸的发病率为0.11%~2.64%。据统计，我国在校儿童青少年人数约为2亿人，则脊柱侧凸儿童青少年的功能鞋定制市场规模约为275万人［2亿人×1.375%（平均发生率）］。

（3）儿童矫正鞋定制市场分析。

儿童足部发育及运动的特点随年龄增长变化较大，同时出现的足部问题（如内外翻、扁平足、内外旋等足部姿态的异常）将影响儿童正常发育以及成人后的足部姿态。大部分成年人足部畸形发生均来源于儿童青少年时期，因此，对于儿童发育过程中的姿态异常及时进行适度干预是非常必要的。由此便产生了儿童矫正鞋的细分品类。

我国出台了一系列儿童鞋安全技术标准，如《儿童皮鞋》（QB/T 2880）、《儿童旅游鞋》（QB/T 4331）、《儿童皮凉鞋》（QB/T 4545）等。2014年6月，国家质量监督检验检疫总局、国家标准化管理委员会批准发布了《儿童鞋安全技术规范》（GB 30585—2014）。

定制化的矫正方案及适配鞋是解决儿童足部姿态异常的重要方法。据统计，我国7~12岁在校儿童约有1亿人，而儿童足部问题的发生率为10%左右，由此可以推算儿童矫正鞋定制市场规模约为1000万人。

1.3 鞋履定制的基本情况及表现形式

1.3.1 鞋履定制的基本情况

2016年12月—2017年1月，本书编著团队对鞋履定制行业进行调研，先后走访了温州、泉州、厦门、成都四地，邀请了两家相关配套企业及多名专业人员进行访谈，结合线上资料检索结果，描绘出我国当前鞋履定制的基本情况。

1.3.1.1 鞋履定制行业的主要特点

鞋履定制属于一种典型的商业模式，代表着品牌和用户更为紧密的关系。一方面，鞋履作为一种产品，主要是满足用户穿着的舒适性、健康性，体现用户的个人审美和价值；另一方面，定制服务体现出品牌根据用户特点来提供特定的鞋履产品的能力。从本质上来说，鞋履定制属于服务行业，而非传统制造行业；也可以认为鞋履定制是面向新经济特点的制造业的转型。因此，鞋履定制行业兼具传统鞋履行业与新经济的特征，是一种新型的品牌—产品—用户的关系模型。

梳理当前鞋履定制行业的现象，可以发现鞋履定制具有以下四个方面的特点：

（1）鞋履定制是“互联网+”融合的产物。

判断一个企业的互联网“基因”，最简单的方法就是看其在互联网上销售的比重。“互联网+”制鞋产业，能够让品牌直接触达消费者，了解消费者的需求，为其提供服务，让更多的企业在线上销售鞋类产品、开展鞋类贸易。定制产品是变革传统鞋类制造模式的新商业模式：直接触达用户，提供预售，实现理论“零库存”。该商业模式成为最早一批鞋履定制企业发展的基石。

“互联网+”的融合，深刻影响了传统鞋类制造模式。传统鞋履行业是规模化、批量化、标准化的制造，面向整个用户群体。鞋履定制则具有“量体裁衣”的意味，从制造端发生转变，即面向单一用户的单件流模式。单件流要求制造端信息的可搜集性、可靠性和准确性，因此大量智能硬件、信息化和数字化系统被采用，数据流和信息流进一步构建了制造端的大数据。

“互联网+”融合改变了鞋履行业的基本形态，打破了技术和流程的瓶颈，为鞋履定制业务的开展铺平了道路。

（2）鞋履定制面向新消费群体。

鞋履定制是一种新的业务形态。过去的鞋履定制主要面向高端用户，这些用户通过定制鞋来体现自身的品位和价值。而如今，定制的内涵在于大规模和个性化。大规模指面向更多的新消费群体，个性化是体现新消费群体的差异化消费需求。“80后”和“90后”作为新中产阶级的主力人群，其消费特征是注重产品品质、性价比、去品牌化。目前，一些品牌推出的子品牌定制鞋类产品，正迎合了这一类消费人群的需求。《2017年度中国时尚消费调查报告》指出，受访的“80后”“90后”中高收入人群中，近95%的受访者对个性化定制感兴趣；其中，55%的受访者对服装定制感兴趣，近35.1%的受访者对鞋履定制感兴趣，且男性对服装和鞋履定制更感兴趣。因此在未来，鞋履定制行业应紧跟新消费群体的步伐，这是鞋履定制行业的重点发展契机。

（3）鞋履定制以鞋为起点，面向多品类产品。

定制鞋履是定制产业中最基础、最重要的产品，很多互联网平台的定制都是从鞋类产品入手。基于定制鞋履行业，逐步发展出家具、衣帽、包、眼镜、珠宝等定制服务。由于鞋类产品体量有限，因此，后续业务的发展必须通过其他品类进行补充支撑。例如必要网平台，从鞋类定制、预售逐步拓展到眼镜、箱包等品类；再如爱定客平台，开始推出板鞋图案定制作为流量入口，当流量达到一定程度后，逐渐增加多元化内容，同时进行家居产品、数码产品的图案定制。

鞋履定制包括新型个性化定制，比如外观定制、材料定制等。从产品品类上来看，新型个性化定制包括运动鞋、板鞋、高跟鞋、休闲鞋等。未来，新型个性化定制将超越传统个性化定制，但不会完全替代，而是呈现融合发展的态势。

（4）鞋履定制强调用户体验和体验经济。

《O2O进化论》指出，当前的新零售模式面向消费者的“SADUS”行为模式。所谓“SADUS”行为模式，是指消费行为从“搜索”到“关注”，由“关注”决定用户的“使用”，最后体现在用户“体验”和“口碑”，如图1－11所示。新型用户消费行为更加注重体验和口碑。鞋履定制高度符合这一模型。首先，实现用户使用的前提，是品牌方与用户的深度沟通，充分了解用户需求；其次，通过用户的使用，满足用户体验，形成良好的口碑。体验和口碑使定制鞋履产品区别于大规模制造产品，拉近了品牌和用户之间的关系。因此，鞋履定制是强调用户体验和体验经济的典型。

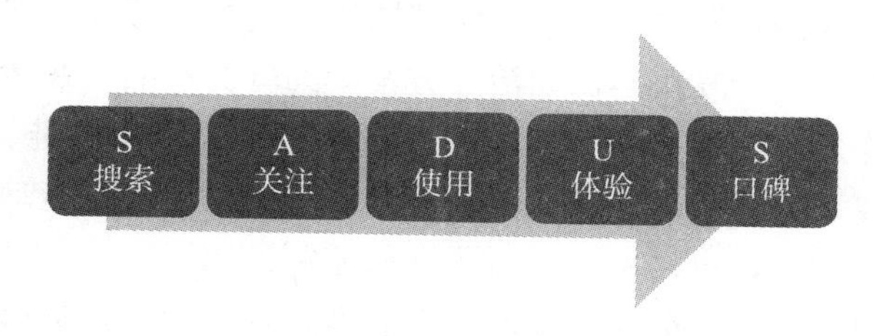

图1－11　消费者的“SADUS”行为模式

（5）鞋履定制的新变革：从强调“一人一楦”，到依托信息化、大数据、人工智能的融合。

鞋履定制业务在很大程度上推动了行业的变革。鞋履定制涉及多个领域：逆向工程、三维建模、数控加工、计算机辅助设计、人工智能、计算机视觉、匹配算法等。各领域的融合分为三个阶段：数字化建模融合、匹配及制造算法融合、人工智能融合。

①数字化建模融合。通过逆向工程设备实现三维逆向建模，并获取三维脚型数据；用算法对脚型数据进行分析，得到脚型的参数化定义；采用计算机辅助设计手段，基于脚型数据进行适当调整。

②匹配及制造算法融合。用户脚型与鞋楦数据的匹配、鞋楦数据与鞋款数据的匹

配、单件流包裹的生产方式等，都涉及匹配算法和逻辑控制。

③人工智能融合。通过门店或鞋类产品中的智能硬件，实现用户生物信息的识别（性别和年龄）、体型和穿着风格的识别、用户消费行为的识别（进店后的行为或使用产品过程中的行为等），最终构建用户画像。

因此，鞋履定制具有较高的技术含量和科技水平。

（6）鞋履定制是品牌企业转型发展的重要抓手。

鞋履定制作为一种产业形态和发展模式，在鞋类品牌企业中占据越来越重要的地位。可以看到，国内鞋业领军企业（如百丽）正在快速开展个性化定制业务，如通过在门店部署脚型扫描设备获取消费者脚型数据。通过上千台设备的布局，百丽已实现了百万级用户脚型数据的获取，这些数据将成为百丽研究用户脚型的重要基础，指导品牌准确开发产品，进而带给消费者良好的消费体验，增加消费者黏度。类似地，红蜻蜓结合脚型扫描设备、人工智能算法和图像识别技术，融合构建智慧零售工具，获取用户数据（消费行为数据和脚型数据等），使门店服务更加精准且有差异化。同时，基于用户数据进行智慧推荐和匹配，使传统定制模式实现自动化和智能化。

鞋履定制对传统企业实现转型和升级的作用体现在以下五个方面：

①提升消费者体验感，增加消费者黏度。

②为品牌提供更加精确的用户数据，为产品研发提供重要依据。

③通过匹配消费者数据与产品，实现精准营销。

④为相关品牌其他产品业务模式的转型升级提供参考。

⑤通过实行鞋履定制模式，使企业减少库存。

（7）功能性鞋履定制与运动医学、康复医学紧密结合。

功能性鞋履定制聚焦于运动医学和康复医学领域，为矫形器具或康复器具提供足够的鞋类产品。通过特殊的鞋履结构设计，实现矫正、支撑、缓冲、保护等特殊功能。功能性鞋履作为运动医学和康复医学保守治疗方案中的鞋类产品，在运动保护和保健康复过程中发挥着积极作用。此外，专业功能性鞋履如糖尿病足保护鞋、脊柱侧凸矫正鞋，是功能性鞋履的重要表现形式。功能性鞋履定制的提出，以及对运动医学和康复医学相关细分姿态型疾病的治疗，也进一步丰富了鞋履定制的内涵。

功能性定制鞋类产品主要分为运动医学类和专业运动类。运动医学类功能性定制鞋类产品是基于运动医学、人体生物力学等理论研究生产的，主要分为医疗型和普通型。专业运动类功能性定制鞋类产品主要针对具体的运动类型而研发。功能性定制系列产品匹配的鞋垫类型也是丰富多样。表1－2列出了部分功能性定制鞋类产品及其功能。

表1—2　部分功能性定制鞋类产品及其功能

功能性定制鞋类产品			功能
运动医学类	医疗型	糖尿病足保护鞋	分散足底压力，改善足部疼痛，减少或避免足部与鞋面之间的摩擦，适应各种足部畸形
		理疗鞋	增强、改善、提高人体机能和身体素质
	普通型	养生鞋	舒缓足底疲劳
		按摩鞋	按摩足底
	运动医学类鞋垫	糖尿病足专用抗菌鞋垫	改善鞋内环境和鞋底受力情况，抗菌，维持平衡
		矫形鞋垫	使横弓、内侧足弓、外侧足弓受力平衡，改善错误受力
专业运动类	运动型	专业运动鞋（篮球鞋、足球鞋、网球鞋、慢跑鞋、极限鞋、综训鞋、舞蹈鞋、健行鞋等）	针对专项体育运动设计研发
	专业运动类鞋垫	支撑类鞋垫	主要作用于足弓位置，通过弹性或硬质材料支撑足弓，达到矫正作用
		缓震类鞋垫	主要通过复合材料和垫块组合达到缓震、助弹、吸收冲力、稳定等效果
		运动鞋垫	根据个体脚的结构和身体情况，结合生物力学技术进行制作，分散足底压力，支撑足弓，减少过度旋转

1.3.1.2　中国鞋履定制分布情况

通过互联网平台（主要依托百度搜索引擎）进行关键词及关键词组合搜索："定制""鞋""平台""个性化定制"，整理分析搜索结果中的前20页内容，获得中国鞋履定制品牌分布表，见表1—3。

表1—3　中国鞋履定制品牌分布表

地区		商家数量	代表性品牌
河北		8	多美姿、骊之妮、假期之旅、梦德豪、罗绅、福缘轩、3514神行太保
江苏	扬州	1	脚之家

续表1－3

地区		商家数量	代表性品牌
广东	广州	7	肯迪凯尼、何金昌、宝丽娜、金墨瑞、华伦天奴、武哲龙、沙驰
	佛山	1	博马舍
	东莞	2	Pakerson、适途
黑龙江	哈尔滨	1	卡诺斯诺
河南	漯河	1	3515 强人
山东	青岛	1	孚德
福建	厦门	3	零度尚品、ZAST、爱定客
福建	莆田	1	易捷乐
	泉州	6	益源、名郎、大盛公羊、安踏、匹克、西瑞
浙江	宁波	2	里奇波士、Pakerson
	瑞安	1	噜比贝贝
	温州	4	红蜻蜓、康奈、奥康、沃定
香港		8	Tassels、欧伦堡、益源、适途、Corthay、芭步仕、森列夫、花花公子
北京		16	东方品购（角度订制）、六库、Tassels、1928、同升和、史蒂夫马登、Pakerson、连升阁、老余、领头羊、内联升、Corthay、John Lobb、Edward Green、Silvano Lattanzi、专柜夫人
上海		6	回力、Silvano Lattanzi、ECCO、宾兔兔、添柏岚、JACK PENG

1.3.2 鞋履定制的主要模式

1.3.2.1 鞋履定制业务的主要类型

鞋履定制业务主要有三种类型：传统业务、新型业务和复杂业务（图 1－12）。

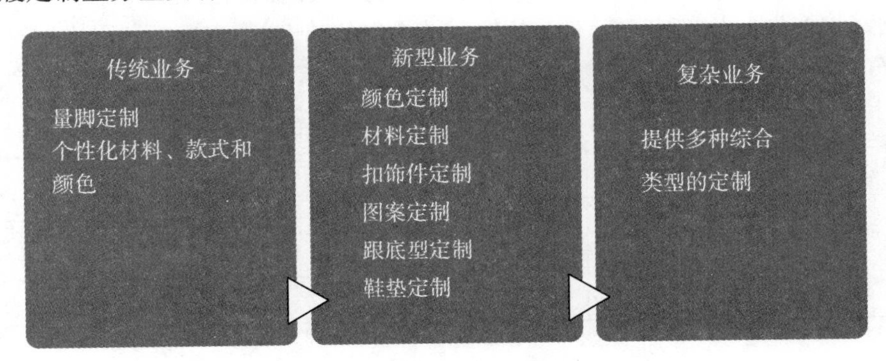

图 1－12 **鞋履定制业务的主要类型**

传统业务主要是量脚定制，定制流程如图1—13所示。

图1—13　传统业务定制流程

传统业务定制主要有以下四种类型：

(1) 真皮大底+固特异工艺+稀有皮革材料。

(2) 成型大底+固特异工艺+稀有皮革材料。

(3) 真皮大底+固特异工艺+皮革擦色工艺。

(4) 成型大底+固特异工艺+皮革擦色工艺。

传统业务主要有以下五个特点：

(1) 主打手工固特异工艺。

(2) 完全依据顾客脚型定制。

(3) 材料稀有，可以根据顾客喜好制作款式和擦色效果。

(4) 针对高端客户。

(5) 售价在1000元以上。

新型业务属于轻定制，即用户体验了定制中的一项或多项服务。新型业务较为广泛地应用了人工智能技术、互联网技术等，其定制流程有两类：A型定制（图1—14）和B型定制（图1—15）。

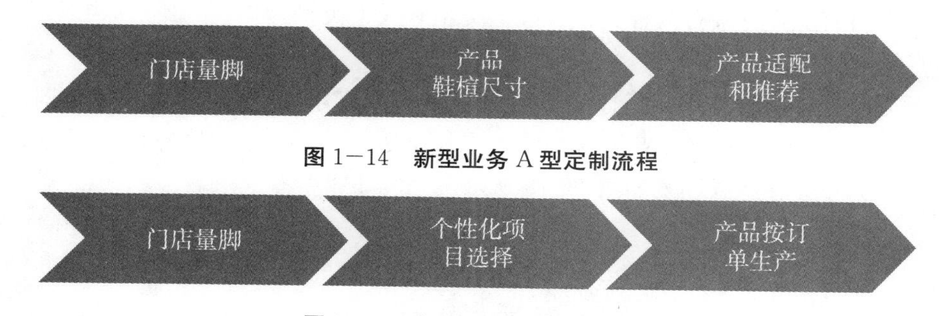

图1—14　新型业务A型定制流程

图1—15　新型业务B型定制流程

新型业务根据定制程度不同，有以下六种不同类型：

(1) 定制材料、颜色，款式和结构不变。

(2) 定制材料，颜色、款式和结构不变。

(3) 增减和改变扣饰件，其他不变。

(4) 定制图案，其他不变。

(5) 改变跟型和底型（如颜色、材料），其他不变。

(6) 成鞋不变，提供定制鞋垫。

复杂业务综合了传统业务和新型业务，比如脚型匹配+定制材料+定制颜色+跟型+…。复杂业务一般依托某一类在线设计平台，由消费者自主选择产品并进行组合。复杂业务中客户需求与产品生产的关系如图1—16所示。

客户需求1 … 客户需求n 按订单生产产品

图 1—16　复杂业务中客户需求与产品生产的关系

功能性鞋履定制为客户提供量身定制的功能性鞋类产品，主要为运动医学类和专业运动类。功能定制业务主要根据客户个人实际情况开展，旨在为客户提供最合适、最专业的足部产品。比如针对糖尿病足患者，进行足部精准测量后，获取数据建模，制作专属足部形态的鞋楦，最后完成鞋款定制。这种业务需要在一定时期内进行疗效跟踪，根据客户实际情况及时做出调整，保证客户始终获得最佳疗效。

糖尿病足保护鞋的设计流程如图 1—17 所示。

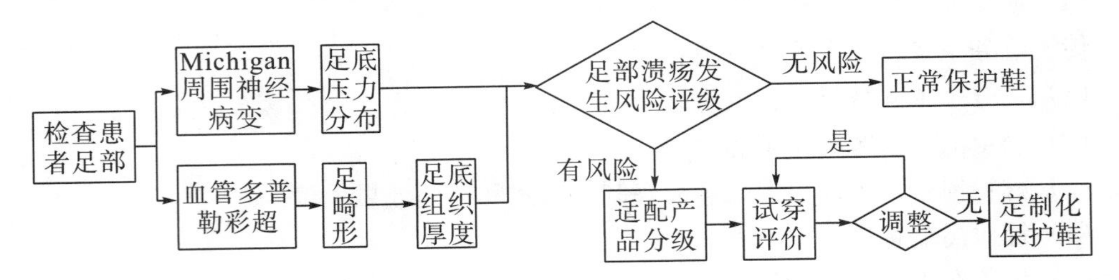

图 1—17　糖尿病足保护鞋的设计流程

1.3.2.2　鞋履定制的主要场景

鞋履定制的主要场景有两种类型：线上类型和线下类型。

（1）线下类型。

线下类型主要是通过线下载体来满足用户的定制需求。目前常见的线下载体有商场、超市，实体门店，机场、高铁候车室，专业会所。另外，上门服务也是可行的线下类型。线下类型鞋履定制场景如图 1—18 所示。

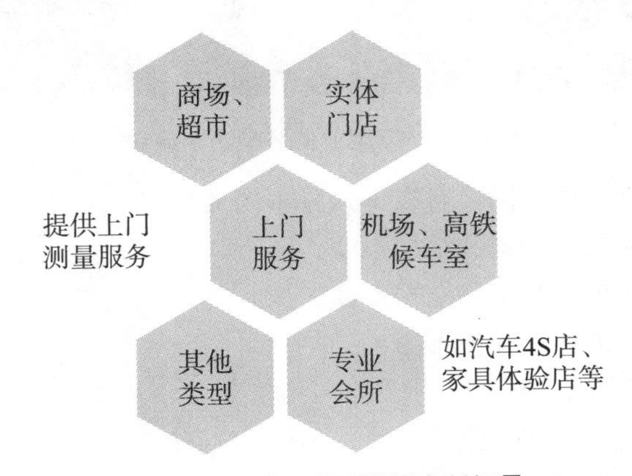

图 1—18　线下类型鞋履定制场景

（2）线上类型。

线上类型是以 App 作为载体，实现脚型测量，再通过相关匹配算法实现对产品的智能推荐，如图 1—19 所示。

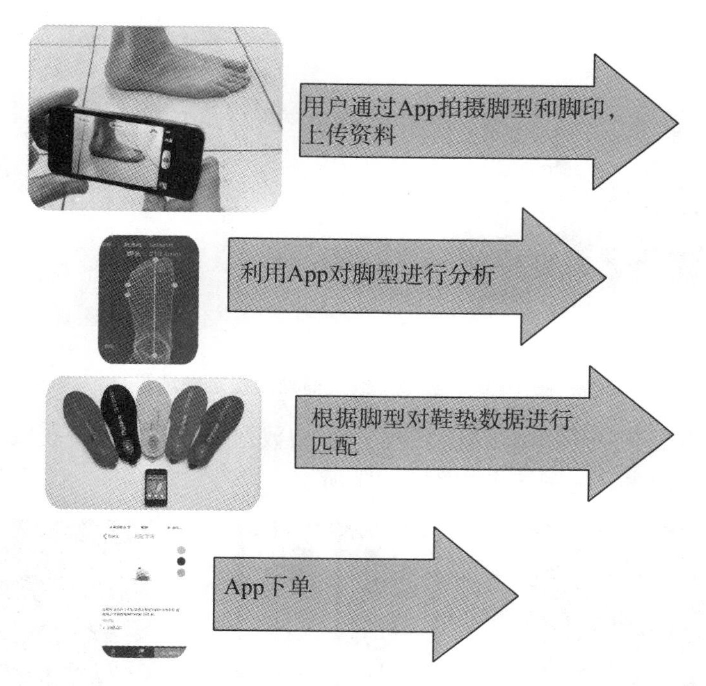

图1－19　线上类型鞋履定制场景

以红蜻蜓定制鞋为例，主要有以下两种线上模式：

①通过App或线上商城直接进行产品个性化定制，如图1－20所示。这种模式实现了在线的鞋面材料选择、鞋底类型选择和提供个性化签名。

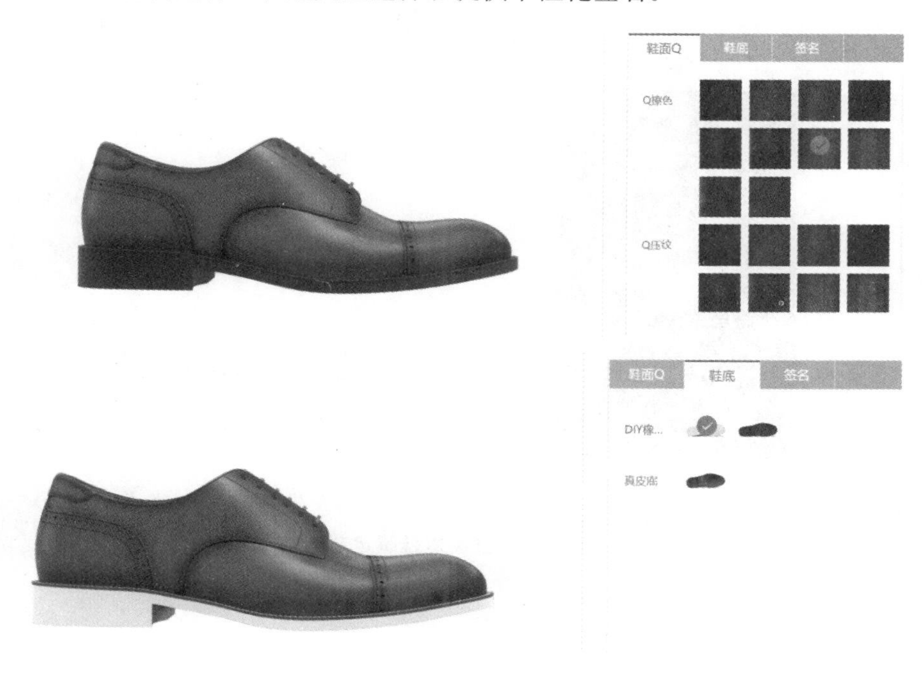

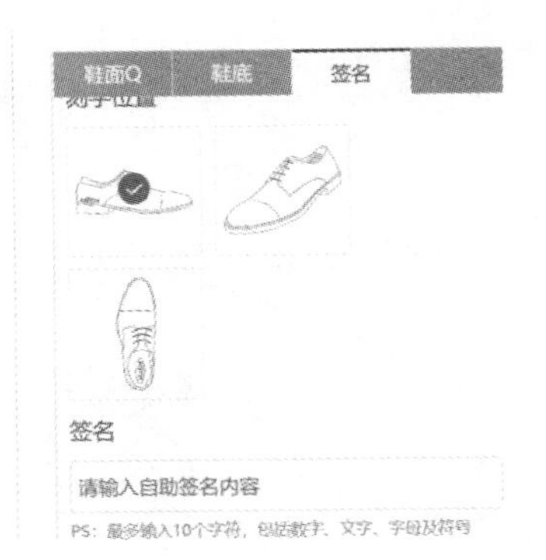

图 1—20　红蜻蜓线上商城鞋履定制场景

②充分利用线下三维脚型测量设备，对脚型数据进行采集，将获取的数据直接推送给移动端微信小程序。定制结果如图 1—21 所示。

（a）脚型数据

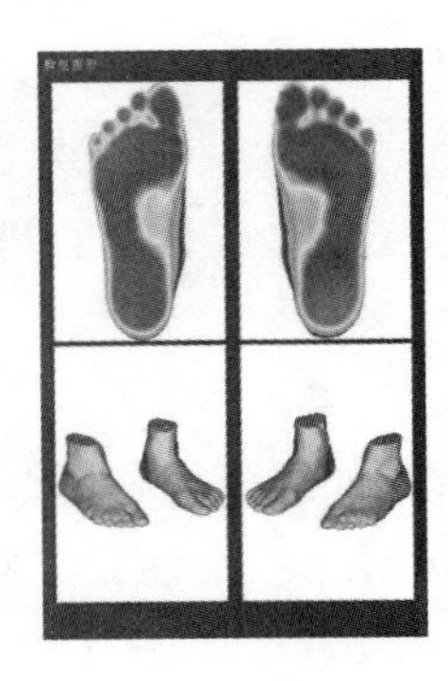

（b）脚型图形

（c）足弓分析

（d）脚型分析

REBECA SANVER
高级定制

（e）选鞋建议

图 1—21　红蜻蜓鞋履定制结果

1.4　定制服务的观点

1.4.1　鞋履行业定制服务的观点

1.4.1.1　红蜻蜓

1. 定制业务的基本情况

浙江红蜻蜓鞋业股份有限公司成立于2007年，是一家集皮鞋研发、生产、销售于一体的时尚鞋服企业，现为上海证券交易所A股上市公司。红蜻蜓当前定制业务主要针对男鞋品类，提供正装、休闲和健康舒适三大品类。红蜻蜓定制业务作为C2M的重要补充，已经融入其现有渠道内数百家零售门店。

2. 定制业务的特点

（1）发展历程。

红蜻蜓定制业务分为两个阶段：第一个阶段是高级定制，第二个阶段是规模化定制。

在第一个阶段，红蜻蜓的主推品牌为REBECA SANVER（图1－22）。REBECA SANVER为西班牙高级手工鞋品牌，主打以特殊皮革为主的时尚男鞋产品，其产品以直营店为主建设渠道。

图1－22　REBECA SANVER高级定制品牌

在第二个阶段，红蜻蜓主打面向消费升级用户和新中产阶级用户的规模化定制。在这一阶段，红蜻蜓推出了品牌副牌——黑标红蜻蜓（图1－23）。目前，红蜻蜓定制业务以现有优质门店为主进行业务融入。

图1－23　黑标红蜻蜓

（2）目标客群定位。

REBECA SANVER主要面向30～50岁人群，主打手工定制＋特殊皮革＋固特异工艺。客群的特点是追求产品品质和价值，希望通过特殊皮革、固特异工艺、真皮大底体现自身的品位。

黑标红蜻蜓主要面向 25～40 岁人群，这类用户是目前新中产阶级的主力人群。客群特点是追求产品的性价比，即在同等价格下选择更高品质的产品，同时，对于穿着场合也有较高要求。

（3）主要产品。

健康舒适类鞋产品，如图 1－24 所示。

图 1－24　黑标红蜻蜓健康舒适类鞋产品

职场商务类鞋产品，如图 1－25 所示。

图 1－25　黑标红蜻蜓职场商务类鞋产品

品质经典类鞋产品，如图 1—26 所示。

图 1—26　黑标红蜻蜓品质经典类鞋产品

（4）业务模式。

红蜻蜓定制业务模式不是简单的“一脚一楦”，而是依托新零售、大数据、人工智能等智慧零售技术的“规模化定制”。基于智慧零售技术的鞋履定制主要由五个模块构成：脚型扫描模块、人脸识别模块、产品标签化模块、匹配和推荐模块和个性化定制模块。基于智慧零售技术的个性化鞋履定制项目模块如图 1—27 所示。

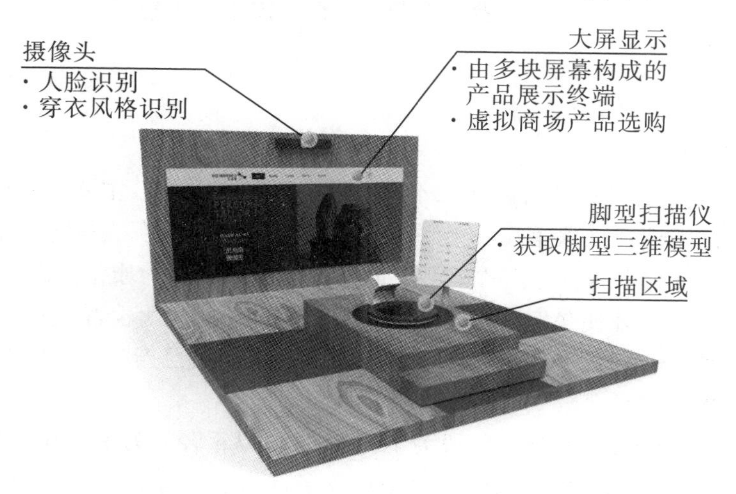

图 1—27　基于智慧零售技术的个性化鞋履定制模块

①脚型扫描模块实现人体脚型的三维逆向工程，通过对脚型进行建模和数据分析，快速建立脚型标签，如尺寸标签和足弓类型标签。

②人脸识别模块实现对性别、年龄的快速判断，建立性别标签和年龄标签，若用户

有脚型三维扫描数据，还可以与用户的脚型三维扫描数据关联。

③产品标签化模块实现鞋类产品从数据技术到产品类别的标签化，比如鞋楦类型、产品风格的数字化标签。

④匹配和推荐模块实现鞋产品标签以及用户脚型标签、年龄标签、性别标签的匹配，并基于用户综合评价对产品推荐进行排序。匹配模块的核心是脚型—楦型的匹配，即针对脚型选择最合适的鞋楦。

⑤个性化定制模块为用户提供了产品的自主设计功能，可以在线对材料、颜色、鞋底类型和个性化 Logo 进行定制。个性化定制模块包括下单后的柔性制造体系。

3. 发展计划

红蜻蜓定制业务是将智慧零售技术和个性化鞋履定制结合，依托人脸识别和脚型三维逆向工程技术，实现用户关键数据的采集，并建立对应标签，不仅鼓励用户参与产品设计，还满足了用户个性化定制的需求。未来红蜻蜓定制业务将重点构建新的模式：首先，通过大屏幕直接实现线上选购，不再需要大量的产品 SKU，仅保留试穿产品，从而减少店铺面积，降低运营成本，有助于提高店铺坪效。其次，通过脚型扫描和人脸识别，储存用户关键信息，使品牌精准地进行产品研发和推荐服务，提高营销精确度。最后，为用户提供更多的自主选择空间，依托柔性供应链系统，实现按订单生产，避免大量库存积压，挺高产品利润率。

1.4.1.2 爱定客

1. 定制业务的基本情况

爱定客是一种在线定制平台，依托柔性制造提供按需生产和零库存销售，将具备柔性生产能力的企业链接成为能够满足消费者个性化需求的生态圈。

2. 定制业务的特点

（1）发展历程。

2011 年，爱定客开始筹备，2012 年 6 月 18 日正式上线，主要进行鞋类产品定制；2015 年转型为定制平台。目前，爱定客已开通中文、日文、英文等定制平台。

爱定客的订单增长经历了一个“U”形反转，主要是因为质量问题。之后，通过打造自主柔性生产链，才使爱定客的业务量回升。目前，爱定客全品类产品能够确保 7 天出货，实际只要 3～4 天。2012 年至 2019 年，爱定客平台已产生了 494884 个定制订单。

（2）目标客群定位

最初，爱定客的目标客群年龄段为 18～25 岁，以年轻人为主。在运行过程中发现，大部分用户个性化需求强烈，18～35 岁用户较多，几乎没有 35～45 岁用户，45 岁以上用户有一定数量。因此，爱定客的目标客群不能根据年龄进行简单的定位，应该以用户的尝新心态和对时尚的追求为依据。

（3）主要产品

爱定客产品逻辑是：时尚设计图案＋板鞋（高帮/低帮）＝潮鞋。爱定客主要产品种类见表1－4。

表1－4　爱定客主要产品种类

产品种类名称	产品图片
涂鸦鞋	
休闲鞋	
运动鞋	
帆船鞋	
内增高鞋	
便鞋	

（4）业务模式。

爱定客的核心业务模式是通过构建生态圈，将众多具备柔性生产能力的企业与全球逾千名设计师、插画师连接，整合成一条能够满足更多消费需求的全新产业链，将上、下游供应商的关系变为供应链关系，将竞争关系变为合作共赢关系，实现价值链的重构。

爱定客的定制流程如图1－28所示。

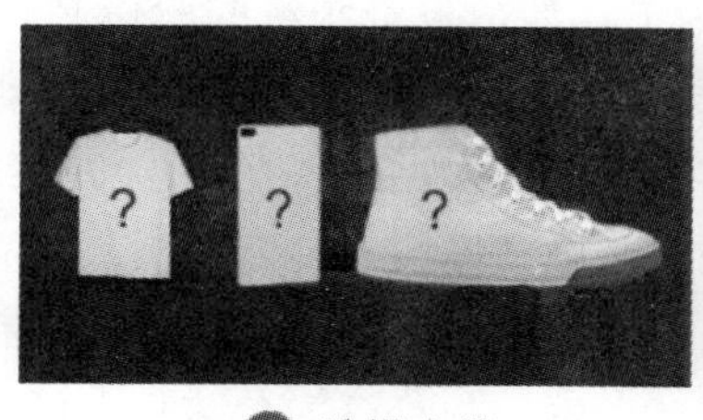

❶ 选择产品

❷ 上传或者选择自己喜欢的图片

❸ 选择颜色及材质

❹ 个性签名并保存

图1－28　爱定客的定制流程

3. 发展计划

在未来，爱定客期望将原来从制造到客户的链条式关系转变为一个生态圈（图 1－29），即围绕着爱定客“定制器”，实现原材料采购、设计、制造、生产等全过程的协同。针对创业者，特别是为两类设计师提供孵化平台：一是品类设计师，如鞋类设计师或服饰类设计师；二是创意设计师，其可以通过纹样设计体现产品风格，形成新的设计师品牌。

图 1－29　爱定客未来计划——生态圈平台

1.4.2　服装行业定制服务的观点

1.4.2.1　报喜鸟

1. 定制业务的基本情况

报喜鸟组建于 2001 年，是一家以服装为主，涉足投资领域的股份制企业，2007 年于深交所上市，2017 年更名为报喜鸟控股股份有限公司。报喜鸟结合移动互联网及大数据技术，打通线上与线下，为消费者提供全方位、多品牌、互动与服务结合的全渠道购物体验。同时，借助智能制造技术的发展，积极推进内部转型升级，成立云翼智能平台，部署工业 4.0 智能化生产。云翼智能平台以升级改造后的 MTM 智能制造透明云工厂为主体，以私享云定制平台和纷享云大数据平台为两翼，为全球私人订制店及消费者提供全方位、一站式私人订制服务，充分满足消费者的个性化、时尚化需求。

2. 定制业务的特点

（1）发展历程。

报喜鸟定制业务经历了两个阶段：第一个阶段是创业初期的“量体定制＋一对一制造”；第二个阶段是搭建云翼智能平台，实现“量体定制＋规模化制造”。在第一个阶段，定制业务较为传统，包含量体、手工裁剪和制作等环节。在第二个阶段，保留手工量体方式，通过信息系统、智能制造系统、订单系统、CAD 标准化版型系统和物流系统的融合，共同打造服装定制化平台和云工厂。在第二个阶段，报喜鸟定制业务不只为报喜鸟品牌服务，而是打造了一个开放式平台，使其他品牌都能借助报喜鸟的软硬件实力来实现自身品牌的可定制化和定制产品的规模化制造。

（2）目标客群定位。

报喜鸟的目标客群是商务男士。

（3）主要产品。

报喜鸟的主要定制产品是西服、西裤、衬衫、夹克、大衣、单裤，如图1－30所示。

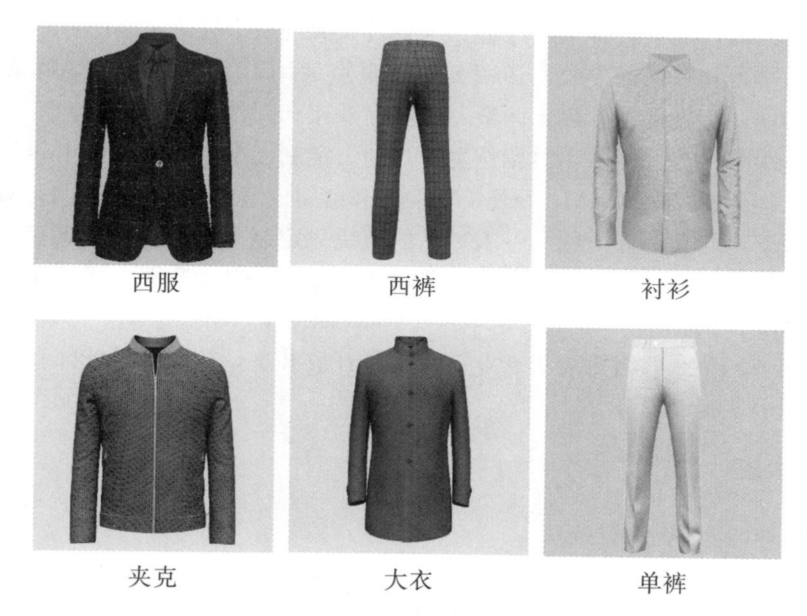

图1－30　报喜鸟主要定制产品

（4）业务模式。

报喜鸟的业务模式分为量体下单模块、信息传递模块和智能制造模块，如图1－31所示。

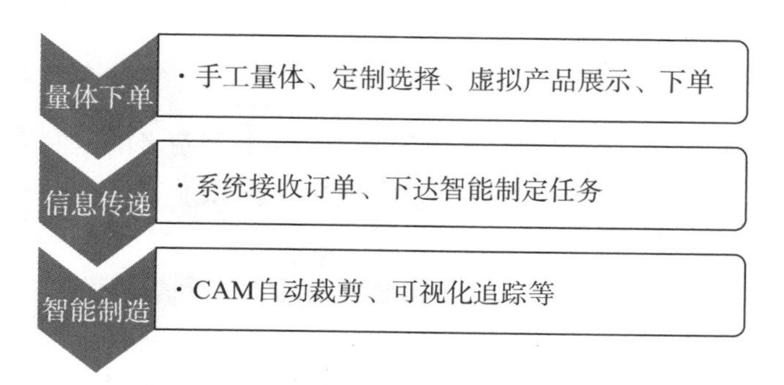

图1－31　报喜鸟的业务模式

量体下单模块，报喜鸟坚持手工量体，并为用户提供面料、部位（领型、袖口、口袋）、工艺、辅料、绣花、特殊处理六大定制选择。

信息传递模块，利用中台 MTM 系统和后台 SAP、WMS、PLM 等系统对订单进行分析，并智能化制定企划设计、发料、生产执行等关键任务。

智能制造模块，利用 CAM 自动裁床实现一衣一款的单件自动裁剪；通过物联网与射频识别技术将订单转化为无线电子工单数据，实现订单状态的全程可视化跟踪；通过 Pad 和智能工艺系统显示，指导实施不同订单的个性化工艺；通过智能吊挂系统实现一单一流。

3. 发展计划

报喜鸟的云翼智能项目将重点打造“三朵云”大规模个性化定制服务平台：透明云工厂、定制云平台和数据云中心。透明云工厂重点运用 PLM 系统和 CAD 系统，构建智能版型模型库，实现部件参数化调整、部件标准化和部件自动化装配，运用可视化技术智能排产，跟踪生产进度并实时调整生产计划。定制云平台依托“Hybris”全渠道电子商务平台，构建 PLM、CRM、SCM 等客户信息集成管理系统，并通过 MTM 方式实现线上与线下协同和一人一版、一衣一款的模块化定制。数据云中心通过 CRM 客户关系管理系统管理消费者资料、体型、穿着习惯等数据，以大数据方式精准提供个性化服务，实现精准营销。

报喜鸟的“三朵云”将重点为产业链相关方开放共享，让服装设计师和小微服装企业也能够实现服装定制业务。

1.4.2.2 乔顿

1. 定制业务的基本情况

乔顿的定制业务主要开始于 2006 年，其认为对于大多数有定制需求的顾客，定制是品位、高品质的象征。同时，乔顿结合用户思维，将以往按照品类进行设计的模式调整为按照用户需求场景进行设计，从而最大限度地满足用户需求。

2. 定制业务的特点

（1）发展历程。

乔顿的定制业务更加符合高级定制，即秉承品牌和用户持续不断地沟通和配合，满足“合心”“合体”“合场”的用户需求。

（2）目标客群定位。

乔顿的目标客群为 35～45 岁的睿雅男士。这一部分消费者的定制需求主要有三点：一是产品舒适度，二是美观和个性化，三是实现自我追求。

（3）主要产品。

乔顿的主要产品是以中高档时尚商务正装为主的男装全系列产品。

（4）业务模式。

乔顿定制业务要求“三合”：合心，让消费者称心如意；合体，产品要合身且舒适；合场，产品满足场景要求。通过满足“三合”，使消费者获得良好的购物体验。

乔顿要求导购能够根据消费者的着装、肤色、体型、发型等要素进行分类，能够预判消费者穿上乔顿产品的形象，凭借这些必须具备的能力与客人交流并提供搭配建议。

3. 发展计划

在未来，乔顿重点以工业4.0为目标，优化生产系统，实现变多件流为单件流，以适应个性化定制。在运营管理体系方面，通过管理看板、商机管理、销售漏斗、生产后台管理体系和解决问题八步法等工具，逐步搭建科学化、数据化、可复制的运营管理体系。另外，推动乔顿基于大数据的智慧营销，构建线上和线下全渠道新零售模式。

1.4.2.3　宫玉高级定制

1. 定制业务的基本情况

宫玉高级定制的创始人李文琴于1996年毕业于四川大学服装设计专业，创立了自己的服装设计工作室，取名宫玉，寓意宫中之玉。宫玉高级定制旨在为用户提供展现自我的独特穿衣视角和穿衣风格。目前，宫玉高级定制是成都最具代表性的服装定制品牌之一。

2. 定制业务的特点

（1）发展历程。

宫玉高级定制最初为服装设计工作室，主要为顾客提供传统、专业、纯粹的定制产品。

（2）目标客群定位。

宫玉高级定制的目标客群是一定私有圈层中的高端用户，其特点是：具有较高的时尚敏锐度，对品质、材料、场合要求极高，要求产品唯一、独特，对价格不敏感。

（3）主要产品。

宫玉高级定制的产品主要有三类：高端定制类、时尚快捷定制类以及职业定制类。

高端定制类主要指具有独立设计风格，由较高品质原材料以及精湛工艺制作的成衣；时尚快捷定制类是指设计师原创作品，追求时尚，兼顾品质；职业定制类指工装定制类产品。

（4）业务模式。

宫玉高级定制强调原创设计和面料的研发运用高度统一。在工艺方面，宫玉高级定制恪守传统的66道工序和全尺寸采样、动静皆宜的立体裁剪，以及独有的原板坯样试衣程序，全程手工精致制作。宫玉高级定制建立了自己的高级定制私享圈，通过分享会和体验会等多种形式与成员互动，并以专业的视角和服务赢得用户认可，树立了品牌权威性。

3. 发展计划

李文琴认为，未来的高级定制是一定圈层内的交流和分享；高级定制的设计师、产品及用户之间有着较强的关联，需要一对一交流、沟通得以实现，这一过程赋予了高级定制独有的特征。因此，未来中国的高级定制仍是停留在圈层内的事物，很难进行规模化扩张。而设计师品类和时尚单品能够面向更多用户，为其追求时尚提供定制服务。这些产品能够走出高级定制的圈层，以独特的品牌定位和用户需求，借助互联网技术和信息技术，面向更多用户群体，实现规模化定制。

1.4.3 供应链企业定制服务的观点

1.4.3.1 深圳德利欧科技有限公司

深圳德利欧科技有限公司（以下简称德利欧）是以研发、生产和销售光学三维扫描系统为主的高科技企业，涉及模具设计、逆向工程、造型设计、人体形状测量以及影视娱乐等领域。在脚型扫描领域，德利欧是国内领先三维扫描设备供应商，目前与红蜻蜓、百丽、天创等品牌已经开展深度合作，重点开展消费者脚型数据的采集、产品适配和零售大数据平台的建设等服务。

德利欧董事长吴志龙认为，在鞋履定制业务中，脚型扫描是十分关键的一环，主要体现在以下五个方面：

（1）增强消费者的体验感和对品牌的认知度，特别有助于提高品牌科技和技术印象的塑造。

（2）扫描脚型有助于吸引消费者进店，让消费者能够正确认识自己的脚型。

（3）通过扫描脚型，可以实现鞋类产品针对脚型尺寸的速配。

（4）品牌拥有了用户的脚部三维模型，相当于掌握了用户的核心舒适度需求。基于脚型数据，通过后续跟踪和健康信息咨询服务，可以提升消费者的黏度和对品牌的忠诚度。

（5）通过脚型数据的积累，构建品牌用户的详细画像，为品牌产品研发及标准化工作提供数据基础。

1.4.3.2 随型

随型一直致力于研发国际领先的三维人体扫描设备，定制行业解决方案，为柒牌、特步、奥康等众多知名鞋服企业提供技术服务。通过多年沉淀，随型不仅拥有全国庞大的线下人体扫描网点和人体脚型、体型数据库，还积累了丰富的定制经验。随型结合多年经验及技术沉淀，在2017年推出“定制＋生态”战略，旨在助力中国鞋服定制产业更快实现工业4.0转型。

随型CEO林志明系统分析了当前服装和鞋履行业的定制现状，描绘了鞋履定制行业的未来，主要有以下五个方面的观点：

（1）定制市场状况。受制于高成本，私人定制目前发展较不成熟，但优势却十分明显。保守测算国内服装定制的潜在市场空间约为1022亿元，2020年有望达到2000亿元以上。目前国内定制尚处于发展早期，受出口疲软及市场大环境下行的影响，上游材料供应商、加工厂、品牌商、渠道商、设计师等都向定制业务转移，导致定制从业者剧增，这将进一步助推定制行业的快速发展。

（2）定制模式的主要价值。对于供给端，生产规模化瓶颈通过定制业务获得突破，助力品牌商解决行业痛点；对于需求端，定制业务迎来了需求拐点，成为消费新风口。

（3）定制业务。定制业务最关键的两点是渠道和供应链。关于渠道，完全的线上定制很费劲，国内现有平台投入很多但做得很不理想，因为线上定制缺乏体验、触摸感和信任感，服务体验欠缺，所以线下定制将成为主战场。线下渠道有设备、有面料、有款式，最主要的是有服务和一套完整的定制体验流程。关于供应链，用户收到定制产品一瞬间的感觉决定了定制带给用户的尊重感和用户自我价值的实现程度。如果定制服务的复购率低于40%，则是失败的。因此，定制供应链管理不能松懈，如果不能有效控制供应链，则不能保证交期、品质和售后服务。

（4）定制类型。定制业务主要分为三类：一是轻定制，也可以叫作外观定制，即用户对现有款型进行材料、颜色修改或添加图案和Logo；二是半定制，主要是增加尺码密度、肥瘦型号，提升产品舒适度，适当加入外观定制；三是高端定制，也叫作全定制，即完全按照用户需求提供服务。目前，大多数企业都以半定制方式开展规模化定制业务。

（5）目标定位。当前的调研方法有一定局限性，由于调研样本太小，部分调研结果与事实不符。要开展定制业务，建议针对最有优势的地方快速切入，深挖市场。定制是一种引导型消费形态，如果定制产品和现货产品价格一样，人们则更愿意选择能满足喜好且适合自己脚型的定制产品。

1.4.4　其他相关行业定制服务的观点

1.4.4.1　独立设计师——汤叶

汤叶拥有自主定制品牌Milke Roses和二次元设计师潮牌MK，并长期在制鞋行业担任职业经理人（TITAI时尚兼商业逻辑顾问、Lamoda顶层设计顾问兼执行副总裁、ELLASSAY配饰时尚顾问等）。汤叶深谙我国鞋类行业的定制模式、运营流程和品牌策划，他对于鞋履定制的观点主要有以下四个方面：

（1）可操作性较强的定制业务是限定种类、品类和方式，突出以外观定制为主。

（2）聚焦一个品类顺向开发。

（3）鞋履定制的主要技术环节：固定鞋楦选型（尽可能标准化）+限定的款式结构+有限的材质、颜色和扣饰件编号+紧跟潮流+B2C/C2B运营模式+优化的生产周期和供应链+新型营销方式（品牌产品—网络红人推广—电商平台销售）。

（4）所有技术环节的核心思想是共用思想，即能够适合多种款式的应优先考虑。

1.4.4.2　四川大学华西医院小儿外科——杨磊

杨磊医师对于常见儿童下肢足踝畸形的手术治疗及保守治疗有着丰富的临床经验，如先天性马蹄足、脑瘫患儿下肢畸形、儿童扁平足、双下肢不等长、膝内外翻畸形等，其长期从事上述疾病的临床诊疗工作以及针对疾病发生发展和相关治疗及预后的研究。杨磊对于功能性定制，特别是儿童矫正和康复方面的定制服务有独特的见解，主要有以下四个方面：

（1）儿童正处于快速发育阶段，由于发育速度存在差异，导致儿童表现出的运动能力也有差异。根据临床经验，大部分发育节奏问题并不会带来运动功能的异常。

（2）针对部分儿童的身体姿态存在异常，如X型腿、O型腿，只要不存在骨骼肌肉的发育性异常，一般可以通过儿童自身成长来恢复，一般不需要进行矫正干预。

（3）由于儿童发育的特殊性和持续性，一般的骨骼发育畸形可以通过佩戴矫正支具来进行保守治疗，如定制鞋垫或定制鞋，这是最简单、直接有效的保守治疗方法。

（4）功能性定制产品在儿童市场非常重要。一方面，儿童发育差异很大；另一方面，定制产品需要持续改进，并逐步适应儿童的发育。因此，儿童功能性定制产品具有非常广阔的市场。

第 2 章　鞋履定制的逻辑

2.1　定制业务的内涵

2.1.1　马斯洛需要层次论

马斯洛把人的需要分成生理需要（Physiological need）、安全需要（Safety need）、爱和归属的需要（Love and belonging ness need）、尊重需要（Esteem need）和自我实现的需要（Self-actualization need）五类，依次由较低层次到较高层次排列，如图 2—1 所示。

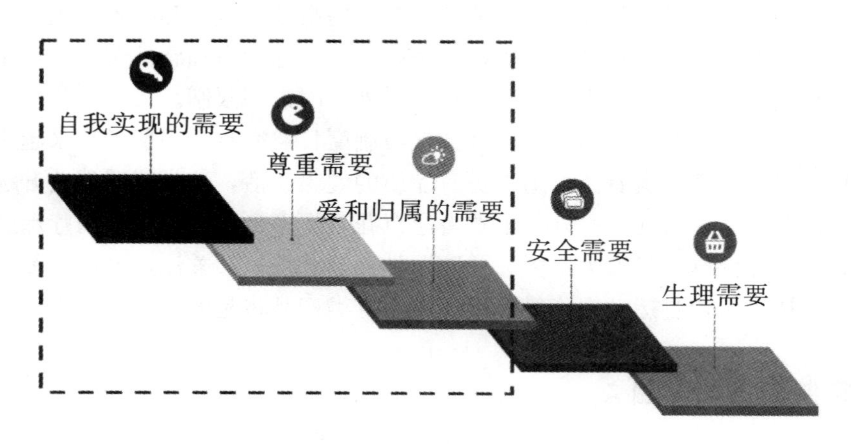

图 2—1　马斯洛需要层次论

马斯洛需要层次论奠定了定制产品需求动机的理论基础。定制产品和定制服务针对的不是只有生理需要和安全需要的消费者，而是追求爱和归属的需要、尊重需要以及自我实现的需要的消费者。

（1）爱和归属的需要。当品牌营造的场景、提供的服务与消费者产生共鸣时，消费者能够体会到品牌的用心，从而增强对品牌的认同感、归属感。线下门店创造体验空间，为消费者提供基本服务（如递水、换鞋等）以及会员服务，其最终目的是让消费者感受爱和归属感。定制业务的本质就是个性化服务，通过量体、沟通等环节，可以让用户获得爱和归属感。

（2）尊重需要。让用户在使用产品的过程中得到尊重。奢侈品牌往往通过特定标识和款式来展现品牌的独特性，满足消费者的尊重需要。定制业务满足消费者的尊重需要主要体现在“合体”和“合场”，消费者在适当的场合穿着合体的产品，展现自我魅力，获得尊重。

（3）自我实现需要。马斯洛需要层次论认为，自我实现需要有两个内涵：完美人性的实现和个人潜能的实现。完美人性的实现是友爱、合作、求知、审美、创造等特性的充分展现；个人潜能的实现是具有个体差异的实现。定制业务将用户的个性化理念及体现其特征的元素和风格融入产品设计和制造过程中，并使用户参与设计，从而满足其自我实现需要。

基于以上三个需要，吴照云提出将市场划分为三个类型：①爱和归属，满足对社交有要求的市场，消费者主要关注产品能否有助于提高自己的社交形象；②尊重，满足对产品特征有独特要求的市场，消费者关注产品的象征意义；③自我实现，满足对产品有个体判断标准的市场，消费者拥有固定的消费品牌。需要层次越高，消费者就越不容易被满足。

2.1.2 发展型消费和美好型消费转型

《2018 新中产白皮书》对定制业务的内涵进行了补充，即发展型消费和美好型消费的转型。发展型消费指带有外在目标的消费，旨在提高社会地位和得到他人尊重或投资自我，这一类消费是为了让自己变得更好；美好型消费称为幸福感消费，并不是纯粹花费金钱，而是基于兴趣、满足内心的消费，不受外在因素的限制。

随着我国居民收入水平不断提高，社会保障制度日益完善，消费者越来越重视生活质量与水平，更多的消费者有能力追求更有品质的健康生活，这意味着消费升级为功能性定制产品创造了更多机遇。另外，消费者愿意花费更多金钱用以支配医疗保健和品质消费，因此，医疗保健市场潜力巨大。预防医学逐渐获得社会关注，术后康复、运动保守治疗、轻度矫正治疗、运动损伤等领域的专用鞋类产品将是消费转型的重点方向。

2.1.3 定制业务的内涵

基于马斯洛需要层次论，结合目前发展型消费和美好型消费的转型可以得出，定制业务离不开消费者的自身动机，消费者最为显著的动机就是满足个性化需求。因此，定制业务的内涵在于唤醒、激发和满足消费者的个性化需求。

功能性定制的内涵是满足消费者的特殊需求，实现保护、矫正和预防功能等。功能性鞋履定制产品根据不同消费者足部的特有形态，结合正常人体足部生物力学特点进行设计制作，经过预制、半定制或全定制模式，达到某种特殊运动目的。功能性定制产品满足某些特定功能是一个连续预防或矫正的过程，用户的互动和反馈对产品的结构改善十分重要。

2.2 鞋履定制的价值

定制业务是从消费者的角度来思考服务动机。因定制业务而产生的产品研发体系、生产制造体系以及商业模式的变革对于相关行业意义重大。

鞋履定制业务从本质上来说属于 C2M（Customer-to-Manufacturer）业务，即用户直连制造。C2M 的优势主要有以下三点：

（1）按需制造。

影响鞋服企业发展的“三座大山”分别是制造成本上升、渠道费用高和库存压力大。其中，库存问题最为突出。库存产生于零售批发模式，这种模式要求产品必须要有一定规模的库存，能够在渠道需要时迅速供给。在渠道通畅、消费旺盛的环境下，零售批发模式要求保持库存是可行的；但当渠道受阻时、产品滞销时，这种模式则会堆积大量库存。从本质上来说，产品库存反映了供给侧和需求侧的比重。零售批发模式属于需求侧驱动，但需求侧往往存在不确定性。为了满足不确定的需求侧要求，供给端常常采用规模化研发和批量化制造模式，靠运气来匹配需求端。而定制模式因为按需制造，在一定程度上明确了需求侧的要求，使供给端能够按照明确要求完成制造。理论上的定制模式应该是接近零库存的模式。定制模式可以被认为是解决企业高库存的重要抓手。

（2）研发聚焦用户需求。

通常情况下，产品研发都是由供给端完成的，为了满足需求端用户，产品研发往往“广撒网”，用户只能在品牌提供的清单中选择产品。定制业务邀请用户参与产品研发设计和制造，鼓励用户将自己的想法和风格融入产品，构建 CIY（Create It by Yourself）模式，根据用户提出的需求，研发设计专注于满足用户需求的产品。

针对功能性鞋履定制，定制业务的实质是对用户需求进行精准匹配。功能性鞋履定制通过特殊的产品设计，注重用户健康品质的升级或满足医学方面的客观要求。与其他一般鞋履定制相比，功能性鞋履定制更加专一、客观。比如，对于穿着舒适度方面的要求，功能性鞋履定制主要发挥治疗、保护或矫正的作用。另外，功能性鞋履需要专业的医生或工程师根据用户的临床表现进行特别设计，因此，功能性鞋履定制产品的实现难度更大。

（3）赋能高效率。

高效率分别体现在设计研发环节、用户需求向生产制造的转换环节和生产制造环节。定制业务中产生的结构化数据（喜欢款式的组合 A+B+C）不同于传统的非结构化数据（如喜欢、不喜欢），其便于计算机算法和人工智能技术进行处理和分析，从而提高了用户需求向生产制造的转换环节的效率。以鞋履定制为例，当获取用户需求和脚型数据后，系统能够实现对应款式鞋楦和鞋款样本的参数化调整，完成 BOM 表的制作，发出材料准备指令，最终在最短的时间内完成生产包裹。之后的生产制造环节则是按照要求完成制作。

如图 2−2 所示，C 端、To 端、M 端的实现使鞋服企业的传统商业模式完成重构，这是定制业务的价值。

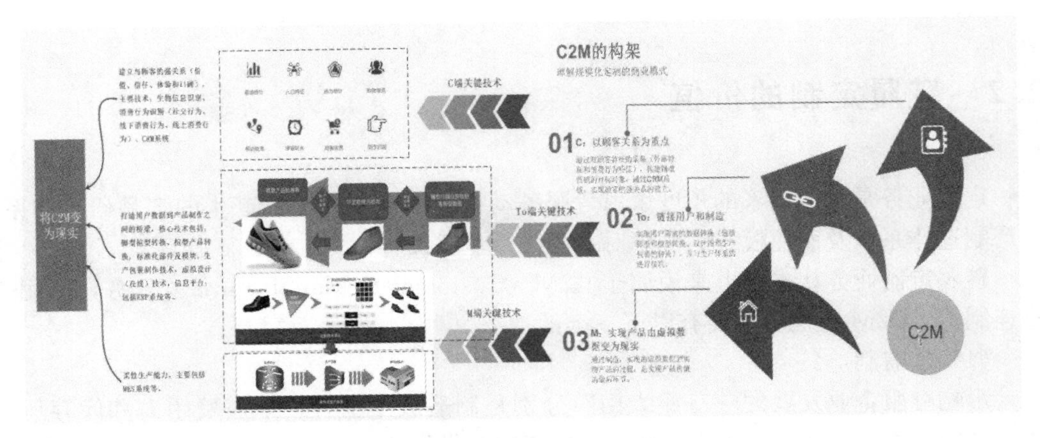

图 2—2　C2M 构架及实现示意图

（1）价值一：定制业务中使用的技术和交叉学科理论，决定了鞋服企业传统商业模式的变革。

定制业务涉及多种学科知识和专业技术，包括脚楦匹配技术、参数化 CAD 技术、逆向工程技术和人工智能相关算法等，这些技术和理论是行业转型和升级的关键，决定了鞋服企业传统商业模式的变革。

（2）价值二：新技术、新方法的广泛应用，解决了鞋服企业传统商业模式的瓶颈问题。

定制业务大量结合“新零售”方法，应用大数据、人工智能等相关技术来解决定制过程中的问题，提出基于智慧零售技术的个性化定制商业模式。这些创新，将全面赋能鞋履研发、制造和零售。

（3）价值三：新型商业模式将建立与用户的强关系，鼓励用户参与设计和制造。

C2M 全面以用户为中心，使用户成为参与者，这种体验增强了用户与品牌的关系，品牌能够与用户直接对话，使用户在品牌服务中获得归属感和尊重，通过产品实现自我，增强了用户黏性，缓和了用户与品牌的关系。另外，因直接沟通而淘汰的中间环节使用户享受到更多的价格优惠。

2.3　鞋履定制业务的主要逻辑

本节将详细分析鞋履定制业务的场景、模式、主要参与对象、流程，并重点探讨如何打造定制业务闭环体系。

2.3.1　鞋履定制业务的场景

鞋履定制业务的场景主要有五类：鞋履品牌自身业务升级、与服装连带销售、与其他场景跨界融合、开展线上定制业务、功能性定制。

（1）鞋履品牌自身业务升级。

定制业务通常是品牌转型升级的重要抓手，其需要数据/信息体系、业务体系和用户关系体系的重构来发挥重要作用。通常情况下，品牌会采用“店中店”模式直接针对现有产品提供可定制服务，或开发新产品，并完全按照定制方式来提供服务。有的品牌可能会使用新的名称或副牌，开设新的品牌门店作为定制业务的载体。因此，鞋履定制业务的场景之一是满足了鞋履品牌自身业务升级的需求。

（2）与服装连带销售。

鞋履作为重要的服饰搭配产品，能够起到画龙点睛的作用。例如，鞋履定制产品中的一种特殊品类——固特异手工线缝鞋，与西服搭配效果绝佳。目前，大部分手工鞋履定制产品都是在服装（定制）门店进行销售的。

（3）与其他场景跨界融合。

鞋履定制产品展示了个性化、个体化，与其类似的还有汽车、高档家具、高档床上用品等。因此，有一些鞋履定制品牌与汽车、高档家具和高档床上用品门店合作，创造体验专区实现产品营销。

（4）开展线上定制业务。

随着虚拟现实技术和 AI 技术的发展，传统的线下体验和数据获取设备逐渐被移动设备替代，实现了线上定制业务的开展。线上鞋履定制业务的开展方式主要有两种：一是通过线上平台获取用户的线下测量数据，二是直接在线上平台实现用户脚型数据的测量和获取。第一种方式已在服装行业广泛使用，如衣邦人平台，通过上门量体获取用户数据并传至线上平台，实现衬衣和西服定制。目前，能够实现第二种方式的平台主要有京东和淘宝等，其研发出通过手机拍照获取脚型数据的小程序和插件。线上定制仍然处于快速发展阶段。

（5）功能性定制。

功能性定制是专业性较强的一种定制模式，既需要具有一定医学背景的专业技术人员或专业医生，又需要更专业的设备，如压力检测器、三维动作捕捉设备等。功能性定制业务主要在医院、康复治疗机构、生物力学实验室或专业产品销售终端开展。

2.3.2 鞋履定制业务的模式

鞋履定制是鞋类品牌的业务之一，与其他业务不同，鞋履定制主要是按需制造、量体定制。产品需求来源于消费者，产品形态来源于用户脚型，产品最终服务是消费者的更高层次消费，如发展型消费和美好型消费。因此，在传统门店推出定制业务，融入线下场景，是目前鞋履定制业务的主要模式。

用户产生订单后，中台和后台需要快速分析、分解用户订单信息，并针对 CAD/CAM 进行调整，生成生产包裹，推动订单单件流的制造。

用户订单交付之后的工作主要是对用户的关怀。选用定制产品的用户对细节要求极为苛刻，十分注重品牌的产品细节及服务细节。因此，促成用户再次购买是定制业务的重点。

2.3.3 鞋履定制业务的主要参与对象

在前端，定制业务的发生离不开三个要素：服务的供给、服务的对象和服务的载体（图 2−3）。服务的供给通常指门店或导购；服务的对象指进店的消费者；服务的载体指服务实现的方式，如量脚设备、定制网站、大屏幕等。这三个要素共同构建了定制业务的基础。

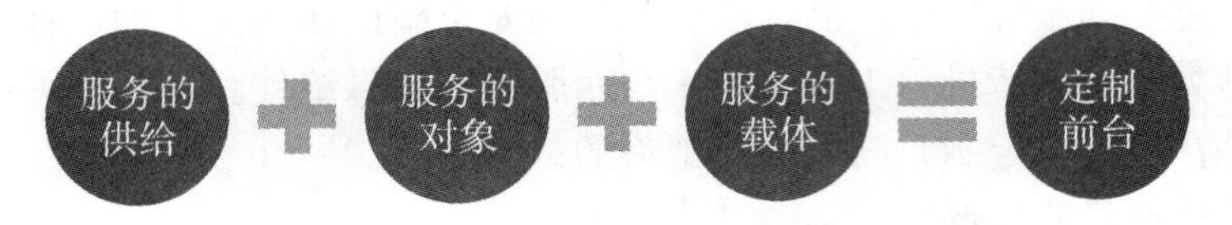

图 2−3 构成定制前台的要素

在中端，重点参与的对象是信息系统。从表面上看，定制业务实现了商业模式的创新，为用户提供量体制造的产品，为品牌减少了研发成本及库存成本，但实际上，定制业务考验的是系统中台，特别是针对 CAD/CAM 系统及生产资料数字化和信息化数据。量体定制要求在尽可能短的时间内实现用户楦型、版型的调整，如果没有数字化技术的支持，全靠一人一楦、一人一版的临时制作，不仅成本高，而且周期长，基本无法实现。因此，打造定制业务的实质是实现数字化和信息化。构成定制中台的要素如图 2−4 所示。

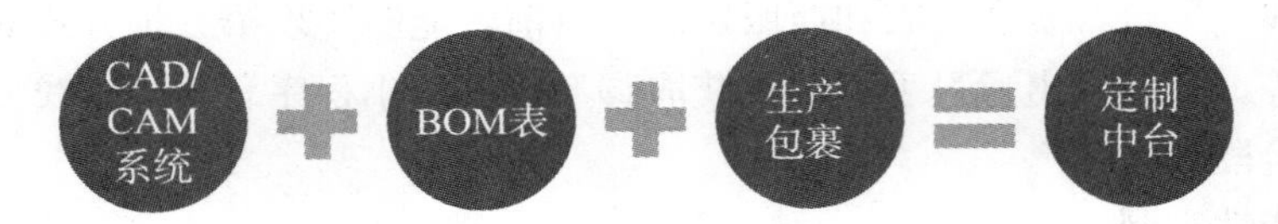

图 2−4 构成定制中台的要素

在后端，柔性制造、售后服务、用户关系（传播）是重点，如图 2−5 所示。定制是一种用户的强关系，为了打造用户的体验，一方面要保证生产制造的速度和交期；另一方面，通过售后和用户关怀，形成口碑传播。

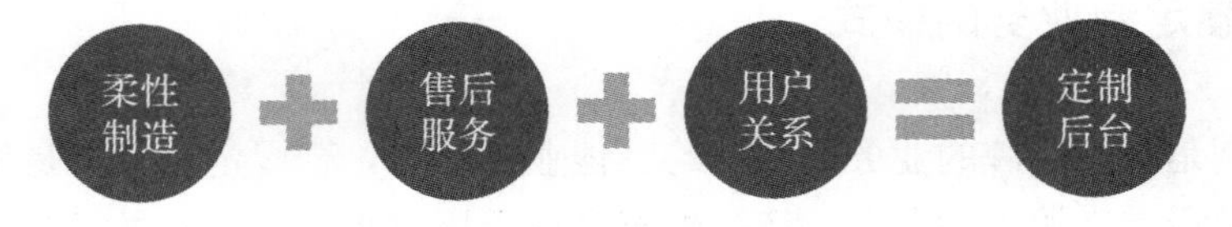

图 2−5 构成定制后台的要素

功能性鞋履定制业务的基本要素有三点：供给端，主要包括测量、制作、咨询等服务；服务对象，有意愿购买功能性定制鞋类产品的消费者，包括有足部问题、希望通过定制鞋类产品预防疾病以及希望通过定制鞋类产品实现矫正的消费者；服务载体，包括物资设备、人工服务等。

功能性鞋履定制属于量体制造的一种升级模式，与传统的“一对一”定制模式相比，功能性鞋履定制在中端除需要技术和设备的支持外，还需要更加精确的消费者数据和更加专业的知识储备，如具备人体结构、足部结构、人体生物力学、运动医学等方面的专业知识。知识这一软力量是功能性鞋履定制的重要依托。

2.3.4 鞋履定制业务的流程

通常情况下，定制业务分为前端、中端、后端。前端业务包括从用户进店到下单，中端业务包括订单通过各项准备工作成为生产包裹，后端业务包括产品的单件流制造、物流配送、售后服务、用户关怀等。

定制业务前端流程如图 2—6 所示。

图 2—6　定制业务前端流程

定制业务中端流程如图 2—7 所示。

图 2—7　定制业务中端流程

定制业务后端流程如图 2—8 所示。

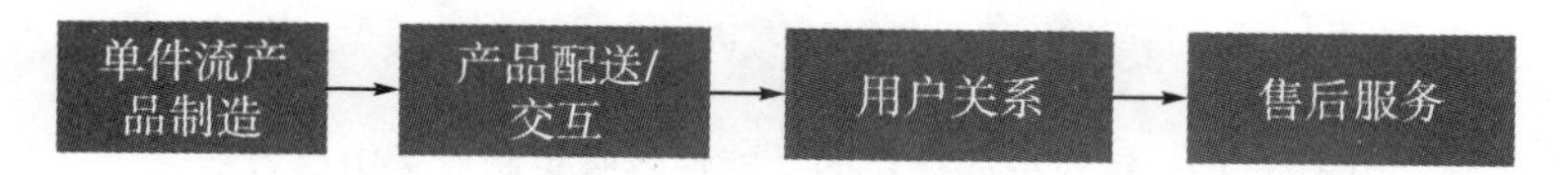

图 2—8　定制业务后端流程

功能性鞋履定制业务的流程如图 2—9～图 2—11 所示（以糖尿病足为例）。

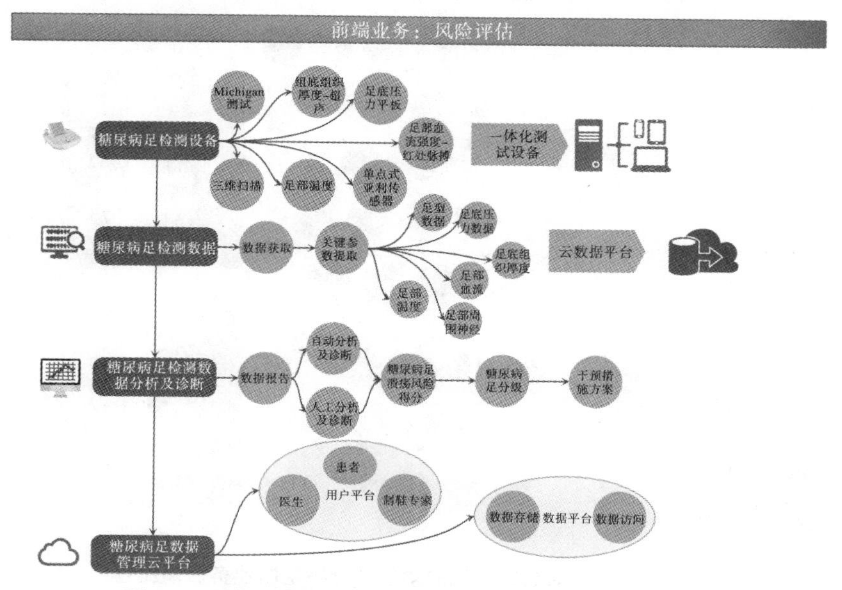

图 2—9　针对糖尿病足的功能性鞋履定制业务前端流程

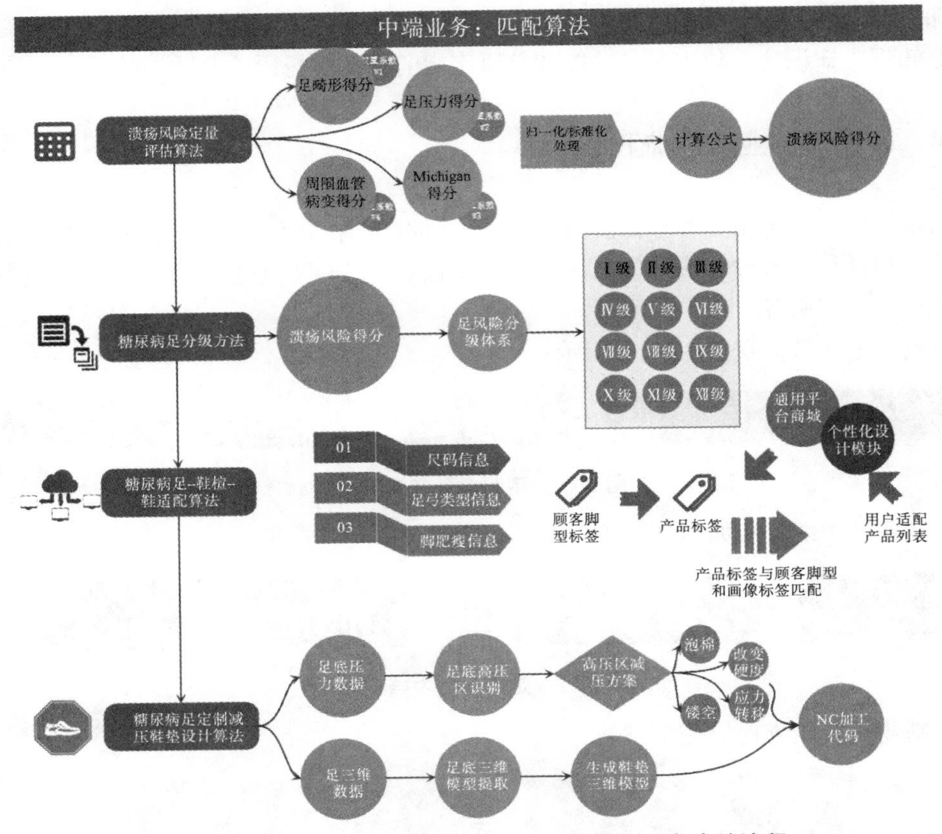

图 2－10　针对糖尿病足的功能性鞋履定制业务中端流程

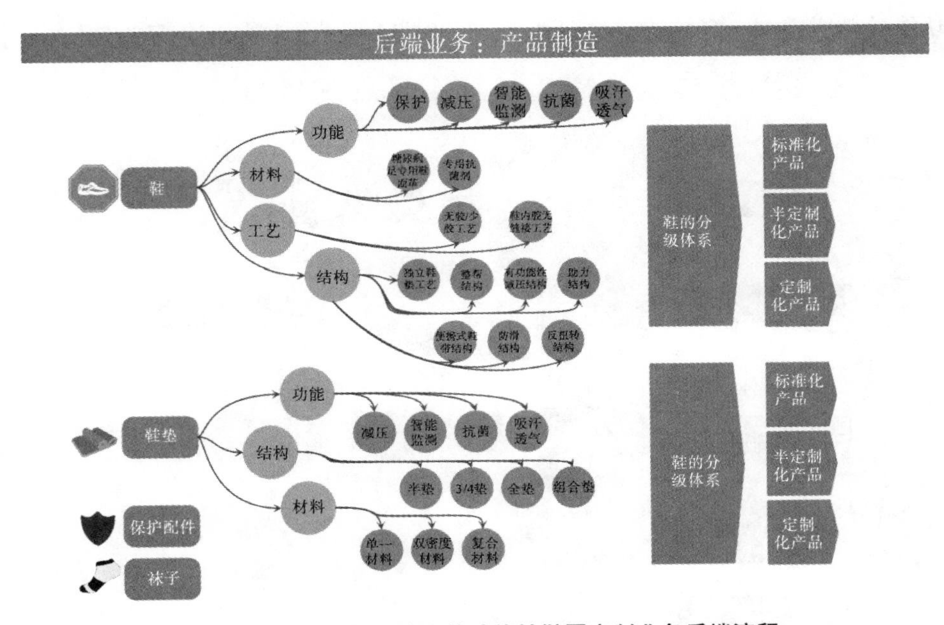

图 2－11　针对糖尿病足的功能性鞋履定制业务后端流程

2.3.5 鞋履定制业务的实施策略

定制业务的实施策略重点有四个方面：打造和用户的强关系、激发用户的定制欲望、构建 CAD/CAM 信息系统、构建生成生产包裹的能力。

（1）打造和用户的强关系。

定制业务面对的用户主要是具有较强生活审美、需要表达自我个性和体现自我价值的人群。传统品牌和用户的弱关系不能适用于当前模式。因此，需要探索一条打造和用户的强关系的路径，比如，使品牌和用户相互支持，品牌为用户提供专业服务，用户传播品牌价值。

（2）激发用户的定制欲望。

从刚性需求和提升自我层面来设计产品，组合多种业务模式，激发用户的定制欲望。比如，针对具有基本需求的消费者，通过定制业务重点实现鞋类产品的合脚性、舒适性；针对具有提升自我需求的用户，选用高档工艺及动物皮进行定制，体现产品品质和用户品位。

（3）构建 CAD/CAM 信息系统。

信息系统的构建是实现定制业务的关键，也是提升业务效率的核心。在重点开展产品研发和渠道搭建的同时，还应重视信息系统的构建。然而，大部分传统品牌推出定制业务仍主要从产品和渠道的角度出发。因此，业务的执行遇到诸多困难，这大都是由于缺乏数字化和信息化系统导致的。比如，当用户订单中的鞋楦尺寸需要调整时，传统方法是先对鞋楦实物进行修调，然后对样板进行手工修改，若样板差异较大，还需要重新制作；如果采用 CAD 系统，则可在 CAD 软件中输入相应的参数，完成所有样板的调整，自动生成 CAM 数据，自动化设备相连，实现样板的自动切割。

（4）构建生成生产包裹的能力。

定制业务后端的本质是单件流制造模式，这就需要有形成单件流制造清单的能力。单件流制造清单也即生产包裹，包括 BOM 表、跟底楦主料等技术清单、生产资料等。因此，构建生成生产包裹的能力是核心技术。

另外，功能性鞋履定制应突出专业能力，包括运动医学的专业背景和医疗技术、专业评测和数据采集设备、专业的功能性鞋履定制产品的制作能力。功能性鞋履定制的附加值要远高于普通鞋履定制，其投入也高于普通鞋履定制。

2.4 鞋垫定制

一双好鞋和鞋垫能够使人的行走、运动更加舒适，功能性鞋垫还能达到矫形治疗的效果。目前市场上的鞋垫大部分是批量生产，无法完全适应消费者的足形和需求。因此，以用户脚型和需求为基础，利用 3D 打印技术及数控加工技术匹配符合需求的模型，使之具备保护作用或矫正作用，功能性鞋垫定制将成为鞋履定制的重要组成部分。

在站立、行走、跑步、跳跃时，鞋类可以对足部进行保护和辅助，鞋垫及足部护具可以实现其他特殊功能，如矫正矫形、运动防护、日常护理等。由于环境、遗传、疾病等多方面原因，足部出现畸形、病症的人群不在少数，加之人们对足部保健的要求越来越高，因此各种功能性鞋垫及其他足部护具应运而生。鞋垫已不仅仅是简单的软垫，而是具有矫形、吸震、抗菌等功效的必需品。目前，国内外对鞋垫都进行了相关研究。国内相关研究主要是针对鞋垫功能的开发。国外研究鞋垫的时间较长，对鞋垫的材料和结构都进行了深入研究。2000 年之后，各种矫形鞋垫出现在市场上，研究人员对这类鞋垫进行跟踪研究，对使用人群进行分类，如糖尿病患者、足弓塌陷人群等，有针对性地定制不同类型鞋垫以满足不同需求。

开展鞋垫定制业务的普遍为外国企业，如 Superfeet、BioNTech，定制鞋垫成本较高，例如，NBA 篮球运动员使用的定制鞋垫的价格是一般消费者无法接受的。国内定制鞋垫业务还处于起步阶段，市场空间很大，因此，利用现有产品的平民性，打开定制鞋垫市场，让人们认识和了解定制鞋垫的优点，逐步发展，填补市场空缺。

2.4.1 鞋垫的分类

从图 2−12 可以看出，鞋垫的分类主要考察性别，适配鞋类型、结构，产品定位和鞋垫功能四个方面。通过组合，可以实现数百种鞋垫的设计方案。

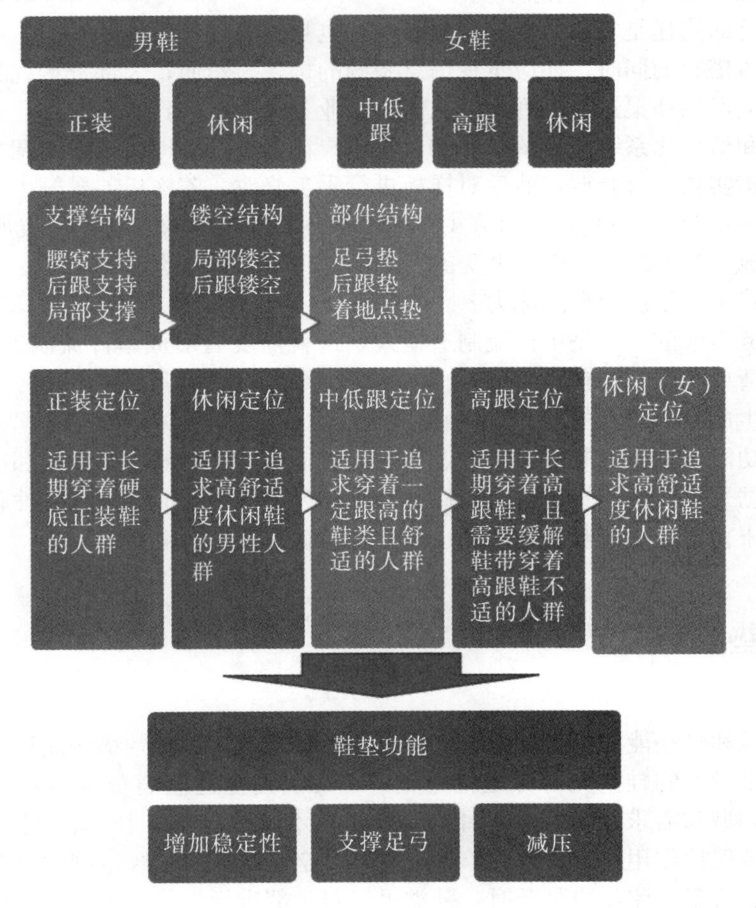

图 2−12　鞋垫的分类

2.4.2 鞋垫定制的目标客群

按照消费者购买鞋垫的目的，可将鞋垫定制的目标客群分为以下四类：

（1）普通型。

普通型消费者购买鞋垫主要是为了改善形象，如选择增高鞋垫使自己显得更加高挑。

（2）工作型。

工作型消费者购买鞋垫是为了满足一定的工作需求，如篮球运动员、田径运动员选择缓震类鞋垫，制药厂、食品厂、电子厂、实验室的工作人员为了减少或消除静电选择抗静电类鞋垫，等等。

（3）支撑矫正型。

支撑矫正型消费者需要通过使用功能性鞋垫来矫正脚型，在行走、运动时，由功能性鞋垫对脚掌给予支撑，从而达到矫形效果。

（4）医疗型。

医疗型客户主要有长期运动的人群、骨科病人或糖尿病患者，他们需要有特定功能的鞋垫进行保护或缓解病痛。

2.4.3 鞋垫定制的流程

数据中心、分析设计中心和加工中心的布局如图2－13所示。

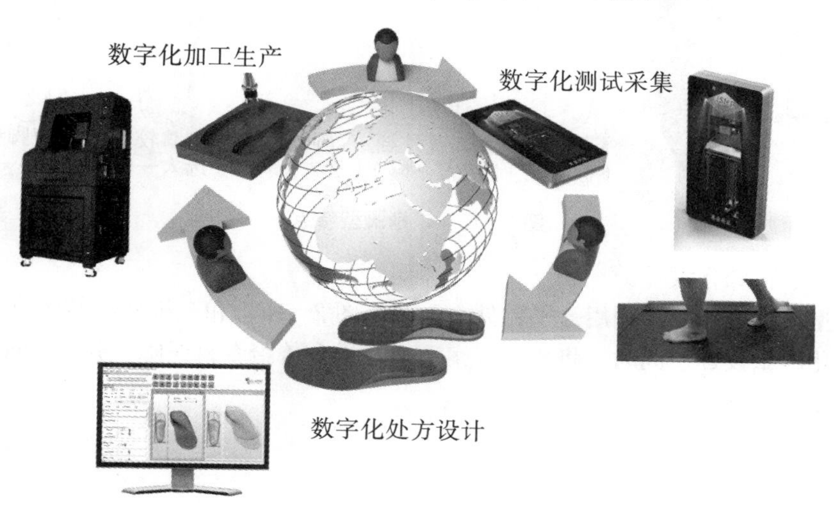

图2－13 数据中心、分析设计中心和加工中心的布局（iSole鞋垫系统）

定制鞋垫业务的流程主要有以下步骤：

（1）数字化测试采集。

对用户脚型进行三维扫描（图2－14），建立三维扫描脚型数据库，利用人工智能技术，对脚型进行划分和评价，自动识别脚型特点，主要包括以下两个方面：

High arch 高足弓

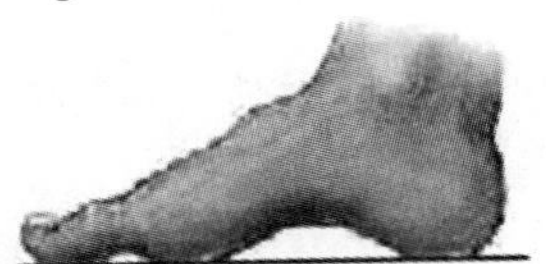

Normal arch 正常足弓

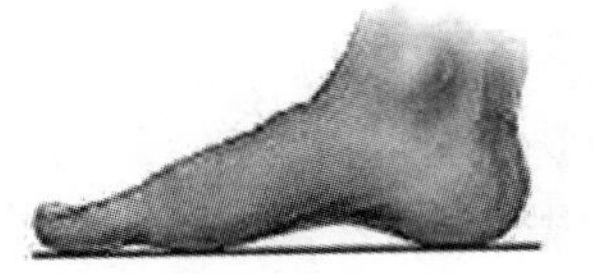

Flatfoot 扁平足

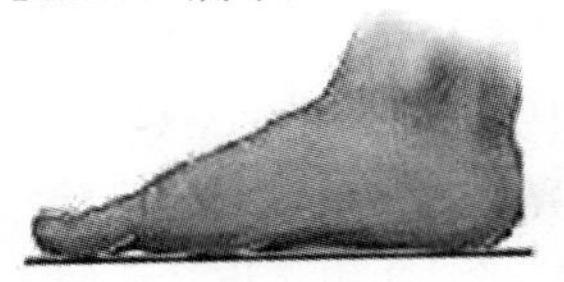

图 2－14　三维扫描脚型数据

①脚的侧面图。判断用户足弓类型，如高足弓、正常足弓、低足弓（扁平足），如图 2－14 所示。

②脚的底面图。结合用户脚长尺寸判断用户脚宽尺寸及脚底形状，如图 2－15 所示。

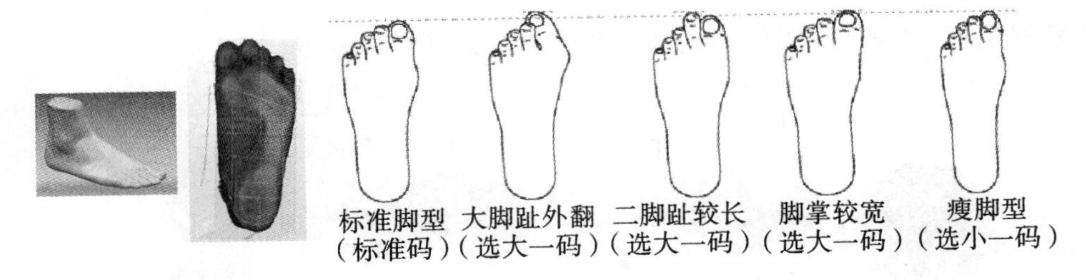

图 2－15　识别脚型特点

（2）数字化处方设计。

以脚型数据为基础，利用云平台处方系统（图 2－16）和三维建模技术（图 2－17）进行个性化鞋垫设计。同时，将相关方案通过云平台传给专科医师，并进行远程诊断咨询，如图 2－18 所示。

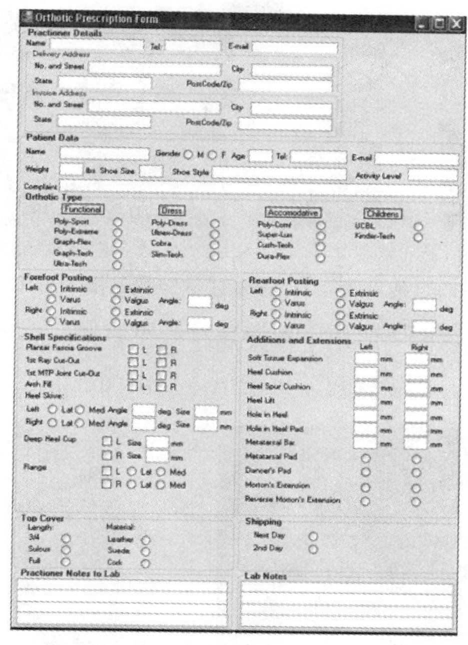
Orthotic Prescription Form

Practioner Details
Name Tel: E-mail
Delivery Address
No. and Street City
State PostCode/Zip
Invoice Address
No. and Street City
State PostCode/Zip

Patient Data
Name Gender M F Age Tel: E-mail
Weight lbs Shoe Size Shoe Style Activity Level
Complaint

Orthotic Type
Functional: Poly-Sport, Poly-Extreme, Graph-Flex, Graph-Tech, Ultra-Tech
Dress: Poly-Dress, Ultem-Dress, Cobra, Slim-Tech
Accomodative: Poly-Comf, Super-Lux, Cush-Tech, Dura-Flex
Childrens: UCBL, Kinder-Tech

Forefoot Posting
Left Intrinsic Varus Extrinsic Valgus Angle: deg
Right Intrinsic Varus Extrinsic Valgus Angle: deg

Rearfoot Posting
Left Intrinsic Varus Extrinsic Valgus Angle: deg
Right Intrinsic Varus Extrinsic Valgus Angle: deg

Shell Specifications
Plantar Fascia Groove L R
1st Ray Cut-Out L R
1st MTP Joint Cut-Out L R
Arch Fill L R
Heel Skive:
Left Lat Med Angle deg Size mm
Right Lat Med Angle deg Size mm
Deep Heel Cup L Size mm
R Size mm
Flange L Lat Med
R Lat Med

Additions and Extensions Left Right
Soft Tissue Expansion mm mm
Heel Cushion mm mm
Heel Spur Cushion mm mm
Heel Lift mm mm
Hole in Heel mm mm
Hole in Heel Pad mm mm
Metatarsal Bar mm mm
Metatarsal Pad
Dancer's Pad
Morton's Extension
Reverse Morton's Extension

Top Cover
Length: 3/4 Sulcus Full
Material: Leather Suede Cork

Shipping
Next Day
2nd Day

Practioner Notes to Lab

Lab Notes

图 2－16 云平台处方系统（Delcam OrthoModel 系统）

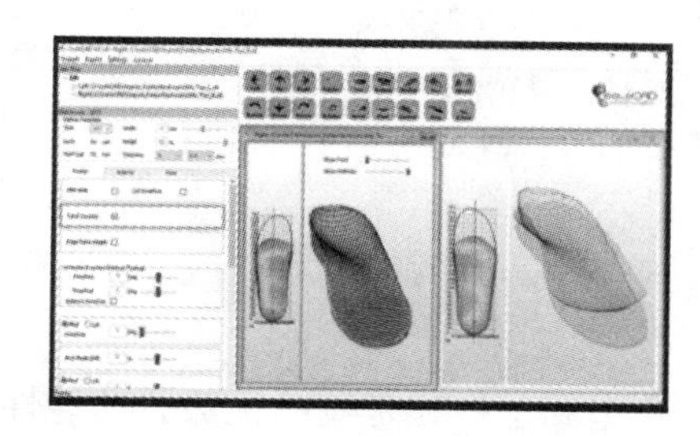
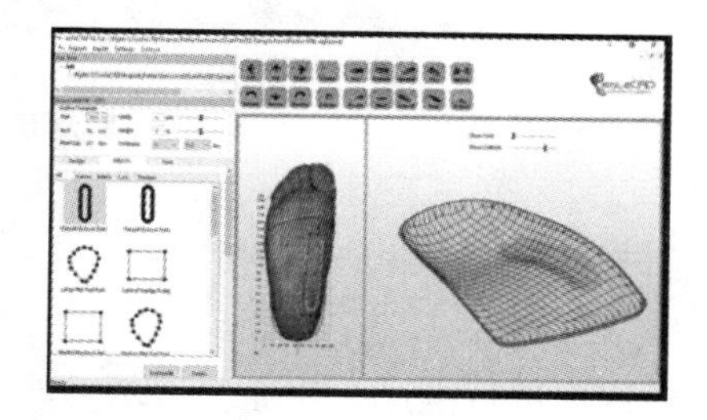

图 2－17 使用三维建模技术实现个性化鞋垫设计

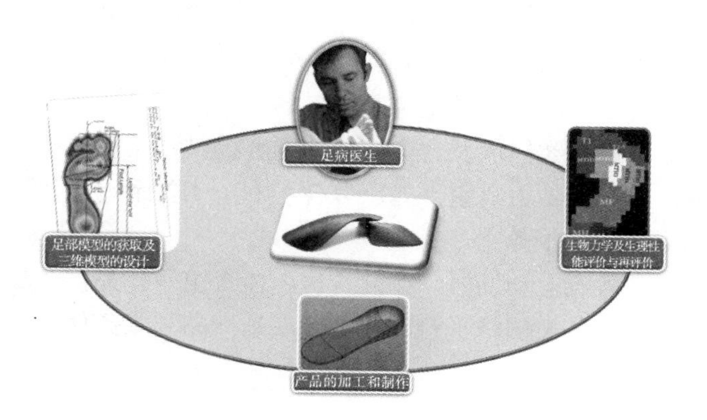

图 2－18 远程诊断咨询

（3）数字化加工生产。

云平台合作加工供应商利用 3D 打印技术或数控加工技术对用户数据进行建模并制作，如图 2－19 所示。

图 2—19　采用 3D 打印技术或数控加工技术制作鞋垫

（4）在鞋垫上安装传感器（应用于糖尿病足或足部手术后的患者），实时监测足底压力分布情况（图 2—20），反馈用户使用情况，提供改进信息。

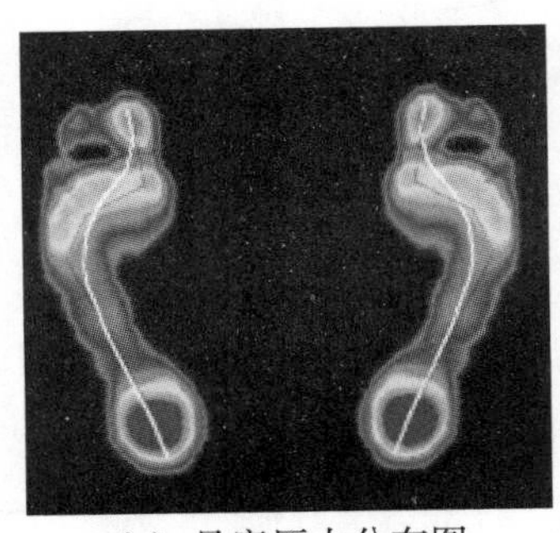

（a）足底压力分布图

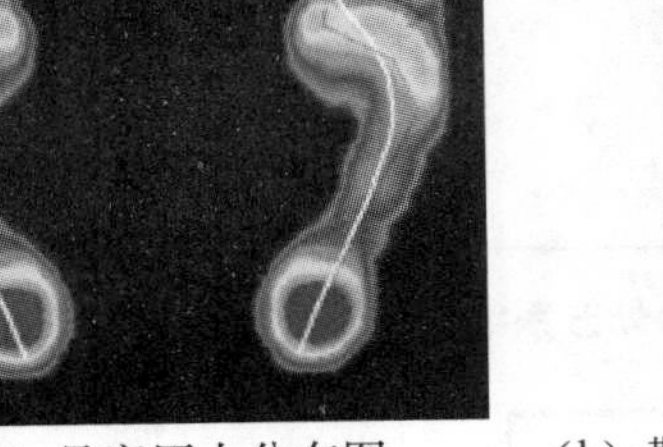

（b）鞋垫式压力传感器

图 2—20　监测足底压力分布情况

2.4.4　鞋垫定制的推广策略

对鞋垫定制进行推广，应充分展示功能性鞋垫和个性化定制的优势。功能性鞋垫适用于足部畸形、患有病症的人群，可在各鞋类门店、医院相关科室、诊所、社区服务站等试点普及功能性鞋垫与个性化定制知识，并免费进行脚型扫描。

鞋垫定制的推广主要从以下五个方面展开：

（1）传统自营：开设专门提供鞋垫定制服务的门店。

（2）合作伙伴：在各鞋类门店及合作店铺为顾客提供产品和服务。

（3）医疗保健：在医院相关科室（如康复保健科）、诊所、卫生服务站为足部病症患者或复健人员提供产品和服务。

（4）运动健身：在各类运动场所（如健身房、体育馆等）提供产品和服务。

（5）其他渠道：通过各类网络平台向消费者展示产品和服务信息。

2.5　糖尿病足保护鞋的定制

糖尿病足是糖尿病的主要慢性并发症之一，指发生在糖尿病患者身上的与局部神经异常和下肢远端外周血管病变相关的足部感染、溃疡或深层组织破坏。它是下肢截肢，特别是高位截肢和再次截肢，甚至死亡的主要原因。从糖尿病足溃疡发生路径（图 2—21）可知，预防溃疡的发生是保护糖尿病足的重点，而穿着合适的糖尿病足保护鞋是关键。

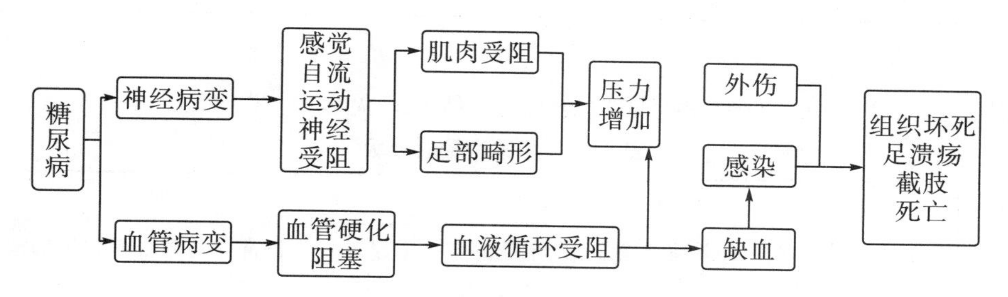

图 2—21　糖尿病足溃疡发生路径

《糖尿病足国际临床指南》中明确指出，合适的鞋袜可以减少异常足底压力，并减少胼胝、溃疡的发生，防止足部损伤。目前，国内外糖尿病足保护鞋主要有治疗性鞋和保护性鞋。治疗性鞋可以达到完全缓解溃疡部位压力的作用，常采用一些特殊技术，如全接触性支具和特殊支具鞋（Half shoes or heel sandals，半鞋或足跟开放鞋）等，其主要针对已患足溃疡或截肢的患者，应用时需十分小心。保护性鞋主要在溃疡发生之前使用，起到缓解足底压力和足畸形对溃疡影响的作用，以预防溃疡的初发和复发。大量研究表明，使用保护性鞋，可以预防 60%～85%的患者溃疡复发。

2.5.1　糖尿病足保护鞋的适配流程

糖尿病足保护鞋的适配流程如图 2—22 所示。

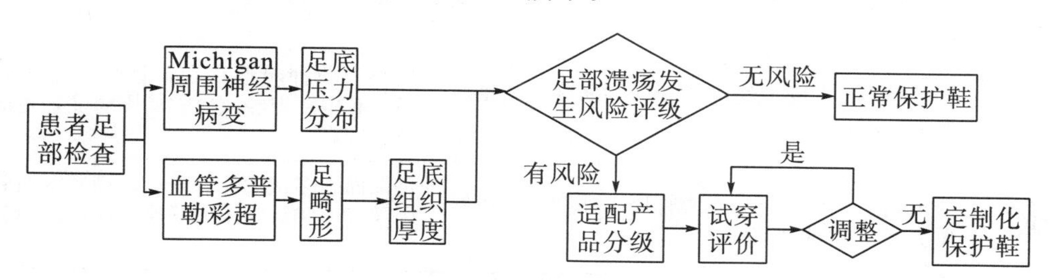

图 2—22　糖尿病足保护鞋的适配流程

2.5.2　糖尿病足保护鞋的目标客群

糖尿病足可依据不同方法划分为不同的等级。糖尿病足分级的主要因素见表 2—1。

表 2—1　糖尿病足分级的主要因素

足部畸形情况	周围神经病变+血管病变	足底压力分布
轻度（轻度单类型畸形）	轻度或无	≤100%PP*
中度（混合有两种以上畸形）	中度	100%～120%PP*

续表2-1

足部畸形情况	周围神经病变+血管病变	足底压力分布
严重（两种以上畸形都处于严重程度）	严重	≥120%PP*

注：*. 对应健康人群的足底压力峰值。

以表 2-1 为参考，糖尿病足可以分为九个级别，见表 2-2。

表 2-2　糖尿病足的分级

分级	类别	说明
Ⅰ	轻度/正常畸形+正常神经或血管周围病变+"足底压力≤100%PP*"	足部较为正常，与健康人的足部情况差别不大
Ⅱ	轻度/正常畸形+中度神经或血管周围病变+"足底压力≤100%PP*"	足部外形正常，有中度的神经或血管周围病变，但是足底压力仍然属于正常程度
Ⅲ**	轻度/正常畸形+严重神经或血管周围病变+"足底压力≤100%PP*"	—
Ⅳ**	中度畸形+正常神经或血管周围病变+"100%≤足底压力≤120%PP*"	—
Ⅴ	中度畸形+中度神经或血管周围病变+"100%PP*≤足底压力≤120% PP*"	足部有两种畸形存在，有中度神经或血管周围病变，足底压力超过正常人20%以内
Ⅵ	中度畸形+严重神经或血管周围病变+"100%PP*≤足底压力≤120% PP*"	足部有两种畸形存在，有严重神经或血管周围病变，足底压力超过正常人20%以内
Ⅶ**	严重畸形+正常神经或血管周围病变+"足底压力≥120% PP*"	—
Ⅷ	严重畸形+中度神经或血管周围病变+"足底压力≥120% PP*"	足部有两种畸形存在，且畸形程度较高，有中度神经或血管周围病变，足底压力较高
Ⅸ	严重畸形+严重神经或血管周围病变+"足底压力≥120% PP*"	足部面临多重危险，畸形、神经或血管周围病变和足底压力峰值是溃疡的诱发因素

注：*. 针对健康人群的足底压力峰值。

**. 这种情况较少见。因为畸形和神经或血管周围病变都是相伴而生，且足底压力是连续的，因此不会存在畸形程度较大，但足底压力、神经或血管周围病变正常的情况。

2.5.3　糖尿病足保护鞋的分类

针对糖尿病足溃疡发生风险的不同类型，各类糖尿病足保护鞋的特点见表 2-3。

表 2－3　九类糖尿病足保护鞋的特点

分级	糖尿病足保护鞋的特点
Ⅰ	与普通鞋基本一致，整体围度大 3.5 mm；内里尽可能少缝接线；使用双密度鞋底，硬度差为 10～20；使用独立的鞋垫；皮革要经过抗菌处理
Ⅱ	鞋型和鞋款可以与普通鞋基本一致，整体围度大 3.5 mm；对鞋面皮料敷贴 2～5 mm 的泡棉；使用双密度鞋底，硬度差为 10～20；使用独立的鞋垫；皮革要经过抗菌处理
Ⅲ**	—
Ⅳ**	—
Ⅴ	鞋前帮面由弹力布等软材料构成；整体围度大 7 mm；鞋面皮料敷贴大于 5 mm 的泡棉；使用双密度鞋底，硬度差为 20～30；使用独立减压鞋垫，减压鞋垫应为多层
Ⅵ	鞋前帮面由弹力布等软材料构成；整体围度大 7 mm；鞋面皮料敷贴大于 5 mm 的泡棉；使用双密度鞋底，硬度差为 20～30；使用独立减压鞋垫，减压鞋垫应为多层
Ⅶ**	—
Ⅷ	鞋前帮面由弹力布等软材料构成；整体围度大 7 mm；鞋面皮料敷贴大于 5 mm 的泡棉；鞋内不得有缝线结构；使用双密度鞋底，硬度差为 20～30；使用独立减压鞋垫，减压鞋垫应为多层，针对患者足底压力情况定制减压鞋垫
Ⅸ	鞋前帮面由弹力布等软材料构成；整体围度大 7 mm；鞋面皮料敷贴大于 5 mm 的泡棉；鞋内不得有缝线结构；使用双密度鞋底，硬度差为 20～30；使用独立减压鞋垫，减压鞋垫应为多层，针对患者足底压力情况定制减压鞋垫

2.5.4　糖尿病足保护鞋的试穿评价

适配之后的糖尿病足保护鞋需要进行试穿评价，以检测产品与用户之间的匹配程度。主要评价流程如图 2－23 所示。

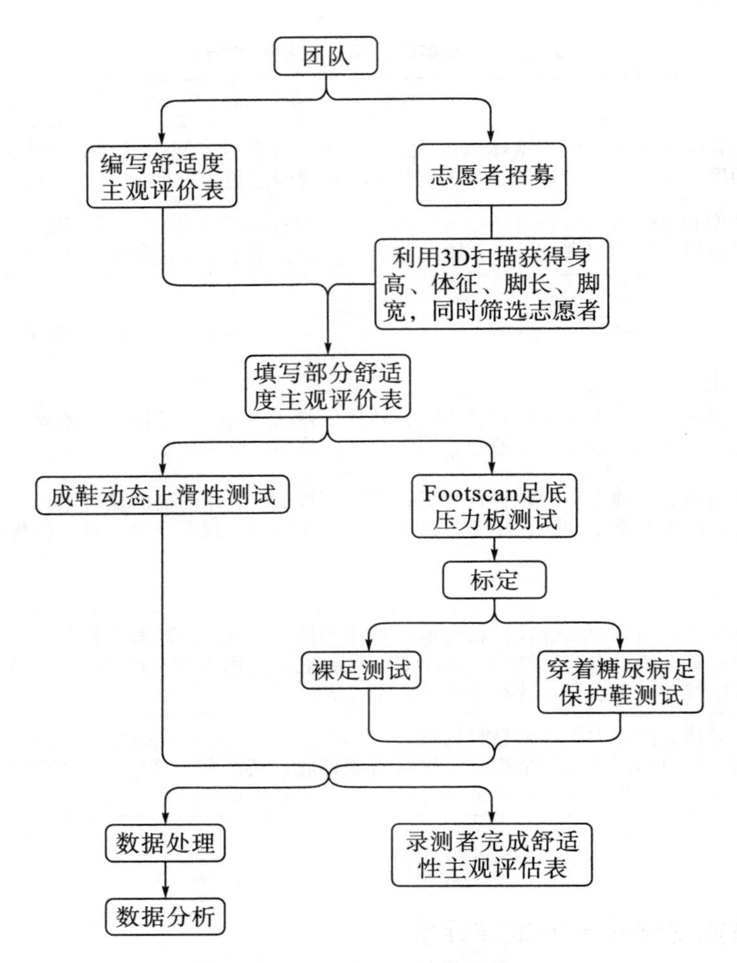

图 2—23　糖尿病足保护鞋评价流程

第 3 章　鞋履定制技术

3.1　脚型扫描技术

3.1.1　脚型扫描技术的发展

脚型测试指运用相关脚部测试设备对脚部数据（如尺寸、围度等）进行测量。脚型测试对于鞋类设计、研究人体脚部尺寸和发育是十分重要的基础项目。目前，脚型获取技术主要有手工测量法、印泥法、光学扫描法和三维激光扫描法。其中，手工测量法和印泥法均为手工测试技术。手工测试技术简单易行，但这种方式易受测试人员经验、水平和测试工具的影响，因此，其误差率范围很难控制。与手工测试技术相比，机器测试技术标准较统一，如同一台机器在相同测试环境内，对同一个人的脚型测试误差仅为机器误差，所以这种方法在行业内使用较为广泛。

3.1.1.1　手工测量法

手工测量法的测量步骤如下：

（1）静止站立，双脚分开与肩同宽。

（2）受试脚站立于 A4 纸上，用笔贴紧脚勾画脚型轮廓。也可使用 Brannock 量脚器进行测量。

（3）围度测量，如图 3—1 所示。

（4）对脚型轮廓进行分析，获得不同脚型数据。

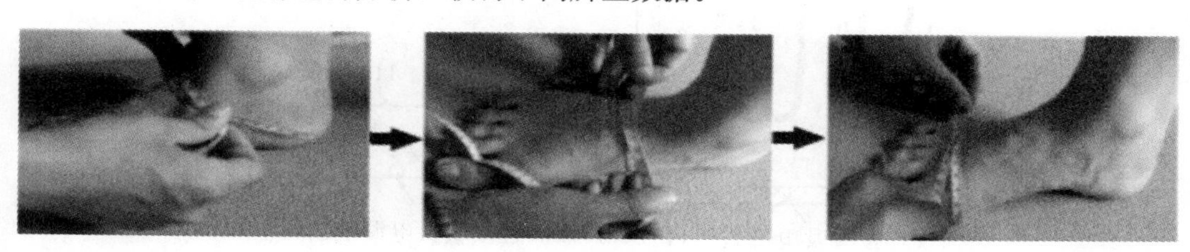

图 3—1　围度测量

3.1.1.2　印泥法

印泥法的测量仪器由两个部分构成：一部分由橡胶膜构成，其下端均匀涂有油墨；另一部分由装有白纸的框型支架构成。在测量时，涂有油墨的一面在白纸上映出足底形状和足底压力情况，从而完成脚型采集。印泥法如图 3－2 所示。

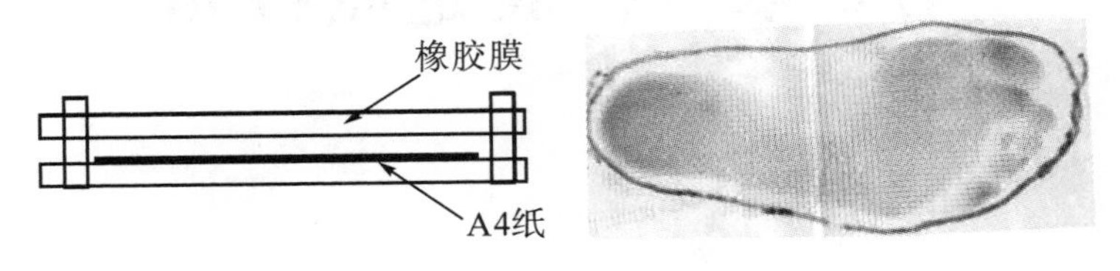

图 3－2　印泥法

印泥法的测量步骤如下：

（1）受试者右脚踩在已装配好的仪器上，两脚均匀分开，上身笔直站立。

（2）测试人员用特制画线笔围绕受试者脚部边缘垂直画出边缘线，然后以 60°的角度再次依照脚部轮廓画出脚印线。

（3）受试者离开设备，留下脚印。

（4）分析脚部轮廓和脚印数据，获得较为全面的脚型信息。

3.1.1.3　光学扫描法

光学扫描仪由两个部分组成：一部分为普通光学扫描设备，另一部分为支架。光学扫描是通过扫描站在支架上的受试者的足底图像进行数据采集。光学扫描法和光学扫描仪分别如图 3－3、图 3－4 所示。

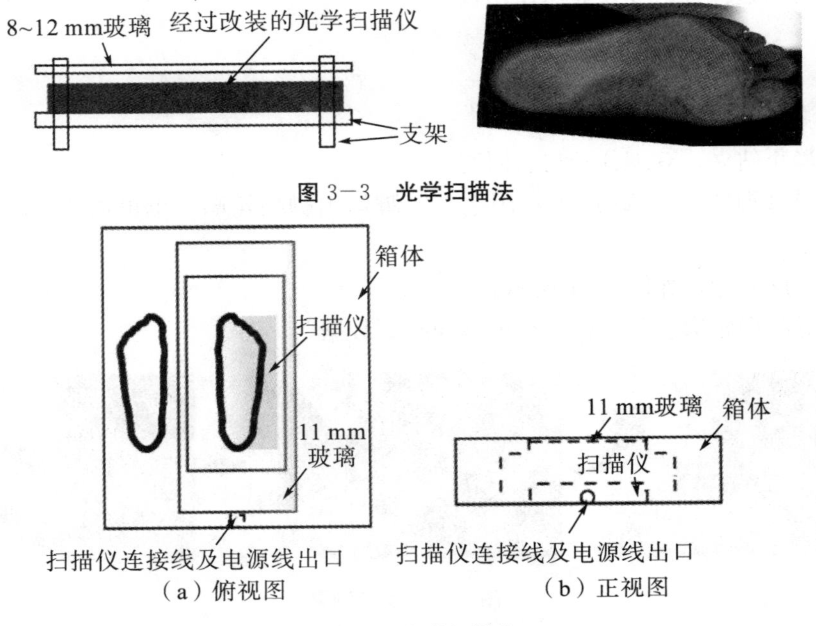

图 3－3　光学扫描法

图 3－4　光学扫描仪

光学扫描法的测量步骤如下：

(1) 受试者双脚均匀分开，笔直站立在足底光学扫描仪上。

(2) 启动设备，获取足底图像数据。

(3) 将扫描所得图片导入图形软件 CoralDRAW 12.0 进行分析，获得相应的脚型尺寸信息。

3.1.1.4 三维激光扫描法

三维激光扫描是根据激光测量原理，利用位于设备内部的8个激光头对足部进行扫描，将扫描数据模拟成三维模型，并对标记的足部关键点进行测量，最终得到脚型数据。三维激光扫描法及其测量结果分别如图3－5、图3－6所示。

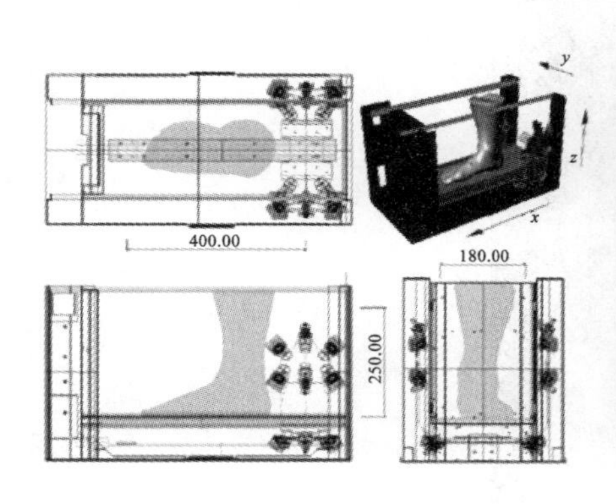

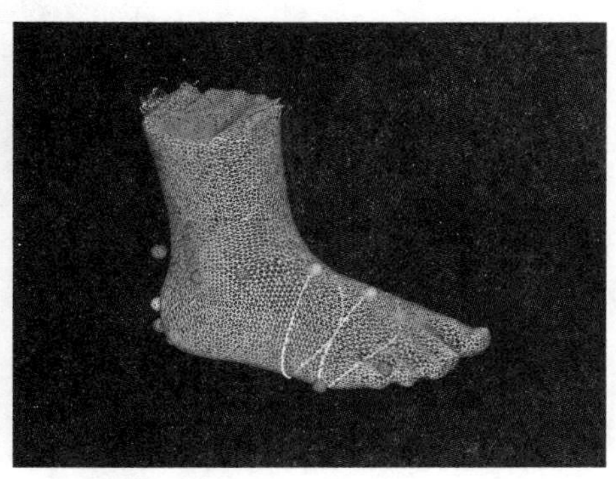

图3－5　三维激光扫描法

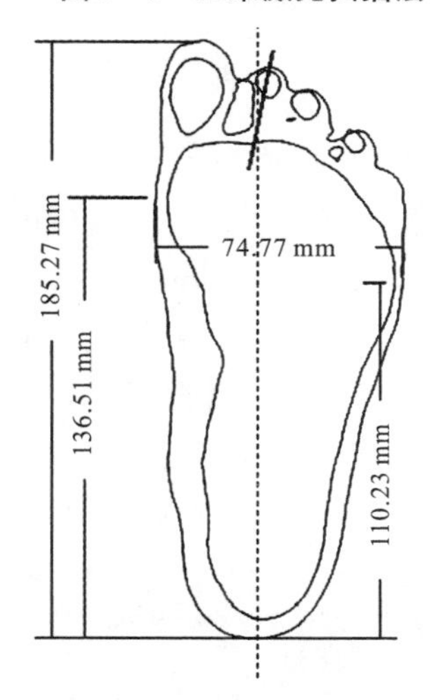

图3－6　三维激光扫描法测量结果

三维激光扫描法的测量步骤如下：

(1) 受试者双脚均匀分开，笔直站立在三维激光扫描仪上。

(2) 启动设备，获取脚部三维图像及尺寸。

(3) 运用系统算法，对关键部位点进行分析。

3.1.1.5 X 光扫描法

X 射线是一种波长极短、能量很大的电磁波，由德国物理学家 W. K. 伦琴于 1895 年发现，故又称为伦琴射线。X 射线的波长比可见光更短（0.001～10 nm，医学上使用的 X 射线波长为 0.001～0.1 nm），它的光子能量比可见光大几万至几十万倍。X 射线具有很高的穿透本领，能穿透许多对可见光不透明的物质，同时可以使很多固体材料发生可见的荧光，使照相底片感光以及空气产生电离等效应。

利用 X 光扫描法进行脚部测量，能够获取脚部 X 光片（图 3−7），对足部骨骼的准确定位和分析有很大帮助。

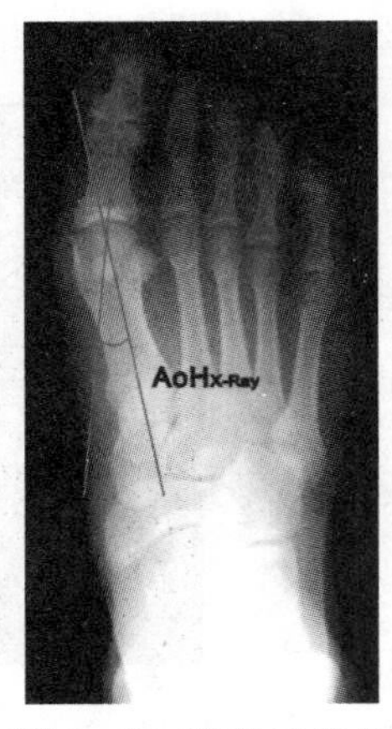

图 3−7　脚部 X 光片

3.1.1.6 CT 成像技术

CT 成像技术即 X 射线计算机断层成像技术，是根据不同密度确定电信号强度而获得图像。随着医学成像技术的发展和存储图像格式软件的开发，CT 扫描获得的图像可以 DICOM（Digital Imaging and Communications in Medicine）格式存储，计算机可以直接读取这种数据。CT 成像技术可以清晰地显示骨骼与软组织之间的边缘轮廓，通过 MIMICS 等医学逆向建模软件可获得清晰的骨骼形态，但对软组织的识别相对较模糊，无法准确地获取肌肉、足底筋膜、韧带、软骨等组织的几何形态。Lightspeed 16 层螺旋 CT、区域图及其生成的足踝部三维实体图分别如图 3−8、图 3−9 所示。

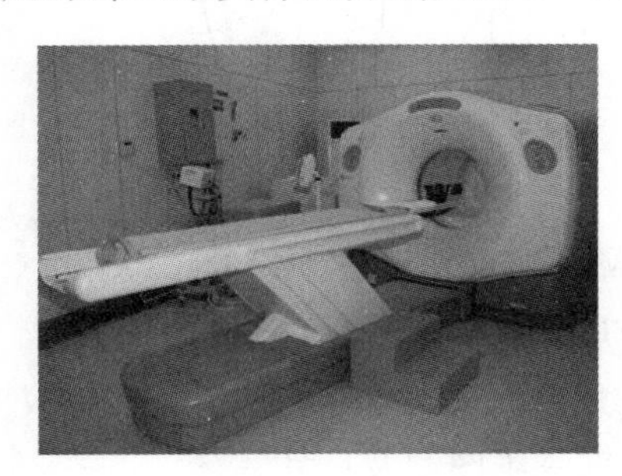

图 3−8　Lightspeed 16 层螺旋 CT

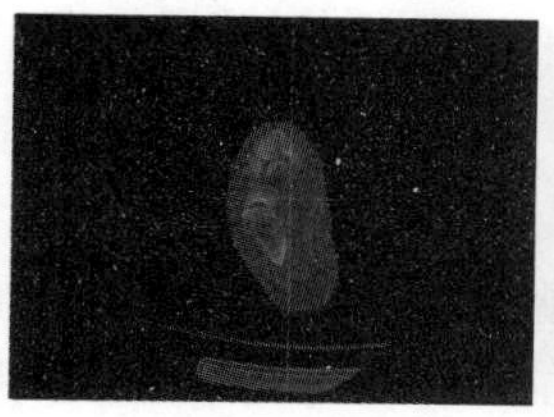

（a）矢状面 CT 扫描图

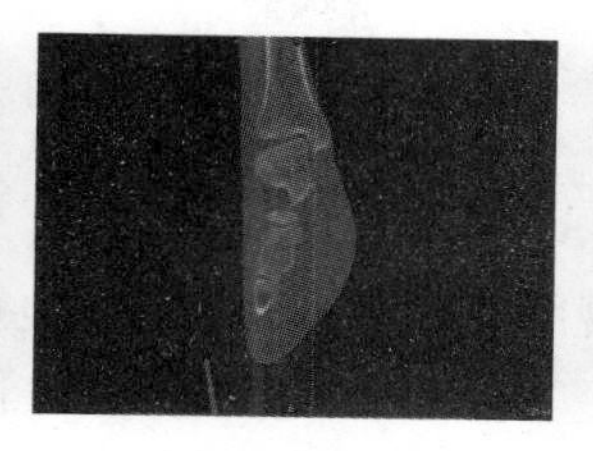

（b）冠状面 CT 扫描图

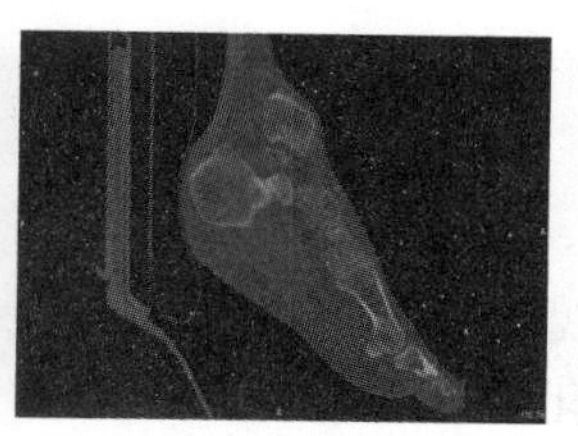

（c）轴状面 CT 扫描图

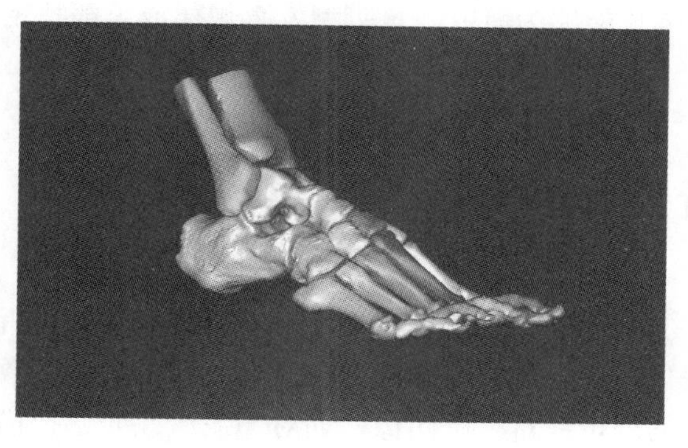

（d）足踝部三维实体图

图 3－9　区域图及其生成的足踝部三维实体图

3.1.1.7　应用移动终端 App

应用移动终端 App 进行测量的主要原理是根据脚型与相对固定的参照物的比例进行计算，推算出脚部尺寸。一般情况下，参照物选用 A4 纸。标准 A4 纸的长度为 297 mm，宽度为 210 mm。

应用移动终端 App 进行测量的步骤如下：

（1）打开拍照程序。

（2）打开摄像头界面。

（3）按照提示对脚部进行拍照。

（4）对照片进行分析，获得脚长和脚宽数据。

3D 脚型扫描技术如图 3－10 所示。

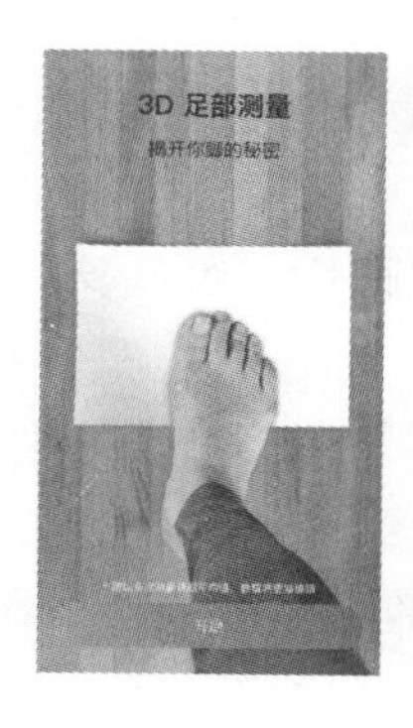

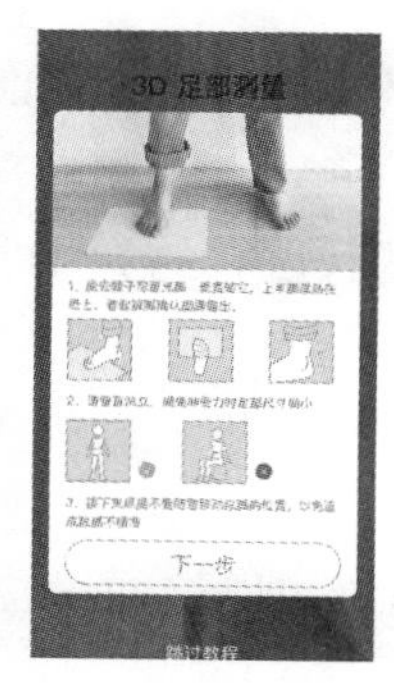

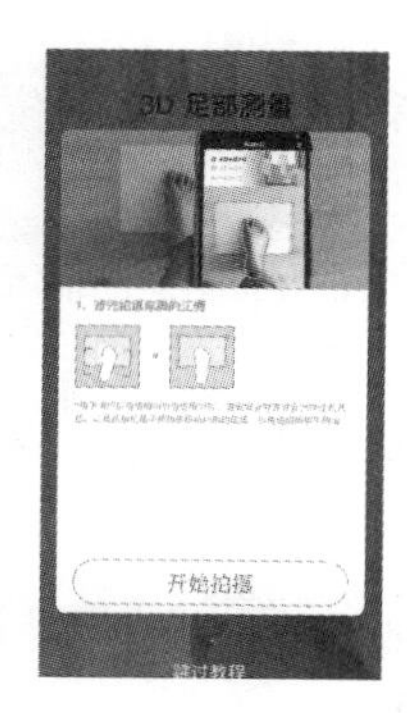

图 3－10　3D 脚型扫描技术

3.1.2 脚型扫描的意义

脚型扫描的主要目的是实现脚型数据化，这是其他智能化匹配技术的基础，也是人体数据化和信息化的重要步骤。基于脚型数据化，首先能够协助建立脚型数据库，实现数据检索，为脚型分类奠定基础；其次，脚型数据化便于算法的编写，实现脚楦匹配等功能；最后，脚型数据化能够为研究儿童脚型发育规律或了解特定人群的运动特点提供数据支撑。

3.2 脚型分析技术

获取脚部数据（二维图像、三维模型）后，需要进行脚型分析。脚型分析是脚型图像或脚型模型的数据化过程。目前，脚型分析主要分为二维脚型数据分析和三维脚型数据分析。二维脚型数据分析针对二维图像，如对印泥法或光学扫描法所获得的脚型图像进行分析；三维脚型数据分析针对三维模型，通过特定算法实现。

3.2.1 脚型分析的主要数据

3.2.1.1 关键长度尺寸

（1）脚长。

后跟端点到最长脚趾前端点部位的长度，记为100%脚长，如图 3－11 所示。

（2）拇趾外凸点部位。

后跟端点到脚拇趾最凸点部位的长度，约为 90%脚长，如图 3－11 所示。

（3）小趾外凸点部位。

后跟端点到脚小趾最凸点部位的长度，约为 78%脚长，如图 3－11 所示。

（4）第一跖趾关节部位。

后跟端点到第一跖趾关节部位的长度，约为 72.5%脚长，如图 3－11 所示。

（5）第五跖趾关节部位。

后跟端点到第五跖趾关节部位的长度，约为 63.5%脚长，如图 3－11 所示。

（6）腰窝部位。

后跟端点到第五跖骨粗隆部位的长度，约为 41%脚长，如图 3－11 所示。

（7）踵心部位。

后跟端点到脚后跟受力中心部位的长度，约为 18%脚长，如图 3－11 所示。

（8）分踵线。

踵心部位和后跟向前 60 mm 位置，以这两段位置找中心点。分踵线平分后跟内外侧，如图 3－11 所示。

3.2.1.2 宽度尺寸

（1）拇趾外凸点部位轮廓宽。

拇趾最凸点部位到轴线的垂直距离，如图3—12所示。

（2）小趾端点部位轮廓宽。

小趾外凸点部位到楦底轴线的垂直距离，如图3—12所示。

（3）第一跖趾关节部位里段轮廓宽。

第一跖趾部位到楦底轴线的垂直距离，如图3—12所示。

（4）第五跖趾关节部位外段轮廓宽。

第五跖趾部位到楦底轴线的垂直距离，如图3—12所示。

（5）腰窝部位外段轮廓宽。

腰窝部位到楦底外段的宽度，如图3—12所示。

（6）踵心全宽。

踵心部位与分踵线垂直的全部宽度，如图3—12所示。

（7）基本宽度。

第一跖趾关节部位里段轮廓宽加上第五跖趾关节部位外段轮廓宽的尺寸，如图3—12所示。

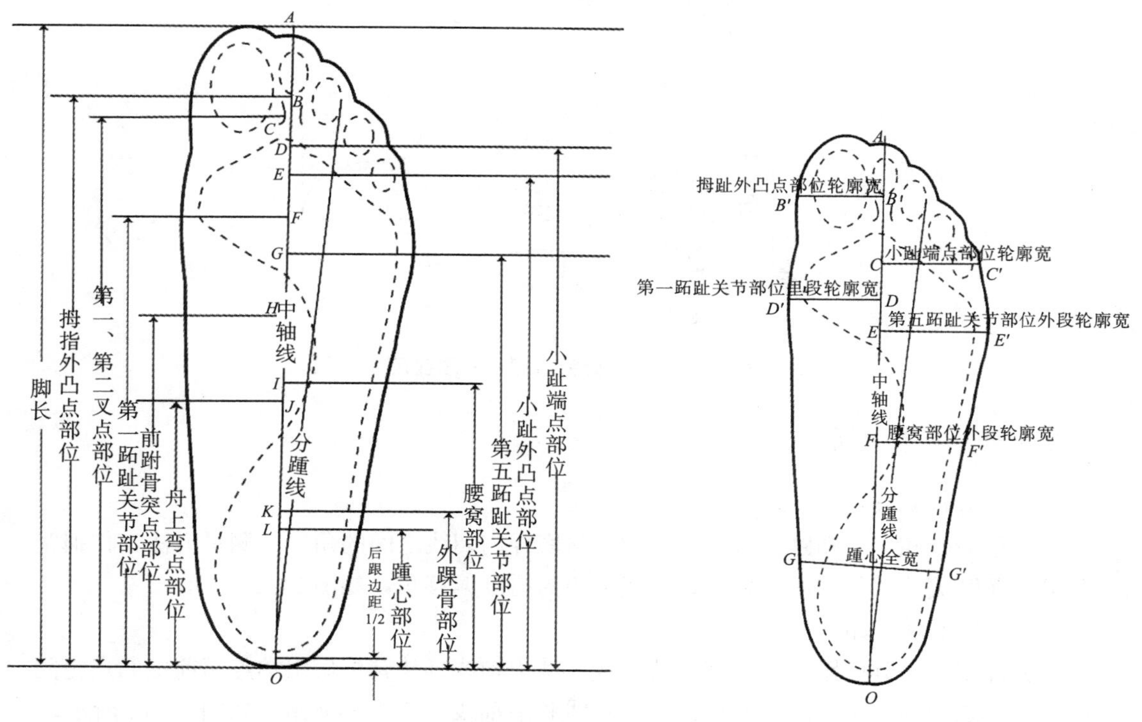

图3—11 脚型分析数据——关键长度尺寸

图3—12 脚型分析数据——宽度尺寸

3.2.1.3 围度尺寸

（1）趾围。

拇趾里段宽点与小趾外段宽点间的围长。测量方法：$C'D'$周长，如图 3—13 所示。

（2）跖趾围。

第一跖趾里段宽点与第五跖趾外段宽点间的围长。测量方法：$E'F'$周长，如图 3—13 所示。

（3）跗背围。

腰窝外段宽点绕过楦背一周的围长。测量方法：GG'周长，如图 3—13 所示。

（4）腰围。

绕腰围点一周的长度。腰围点是围度 $E'F'$和 GG'之间的平分点。如图 3—13 所示。

（5）兜跟围。

用布带尺兜住后跟，再绕足周骨上弯点处进行测量。如图 3—13 所示。

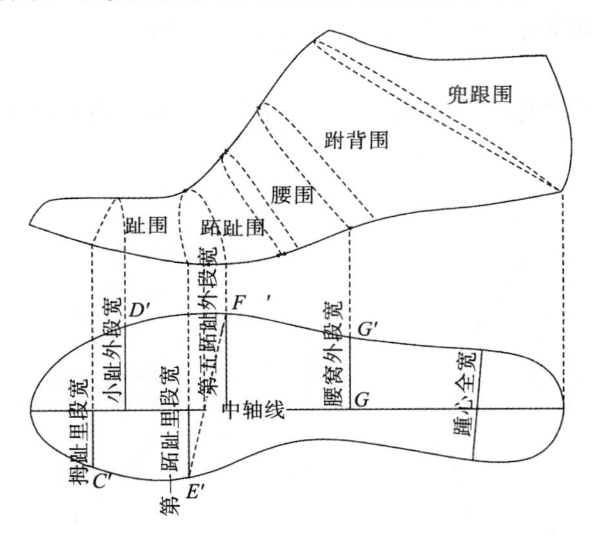

图 3—13 脚型分析数据——围度尺寸

3.2.1.4 角度尺寸

（1）拇趾偏移角。

经过拇趾和第一跖趾关节部位的切线与底样内切线之间的角度。测量方法：作拇趾和第一跖趾关节部位的两条切线，切线夹角为拇趾偏移角，如图 3—14 所示。

（2）踵心偏移角。

分踵线（平分后跟或踵心部位的直线）和中轴线（从鞋楦后跟端点至前端凸点之间的连线）之间的夹角。测量方法：作分踵线和中轴线，测量其夹角，如图 3—14 所示。

（3）内切角。

内侧切线同中轴线之间的夹角。测量方法：作切线分别切于前掌内侧和后跟内侧，测量内切线与中轴线之间的角度，如图 3—14 所示。

（4）外切角。

外侧切线（同时与鞋楦底样外侧前部和外侧后部相切的直线）与中轴线之间的夹角。测量方法：作外切线分别切于前掌外侧和后跟外侧，测量外切线与中轴线之间的角度，如图 3－14 所示。

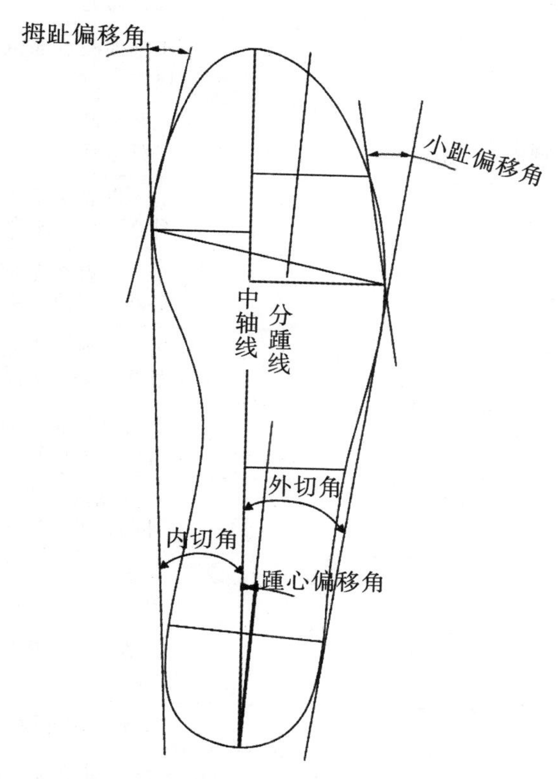

图 1－14　脚型分析数据——角度尺寸

3.2.2　主要分析技术

3.2.2.1　基于关键部位点的分析技术

大部分算法都以脚型规律为基础。脚型规律见表 3－1。

表 3－1　脚型规律

关键长度尺寸	规律	围度尺寸	规律	宽度尺寸	规律
脚长	100％脚长	跖趾围	70％脚长＋常数	基本宽度	40.3％跖围
拇趾外凸点部位	90％脚长	前跗骨围	100％跖围	拇趾外凸点部位里段轮廓宽	39％基本宽度
小趾端点部位	82.5％脚长	兜跟围	131％跖围	拇趾外凸点部位里段边距	4.66％基本宽度

续表3－1

关键长度尺寸	规律	围度尺寸	规律	宽度尺寸	规律
小趾外凸点部位	78％脚长			拇趾外凸点部位脚印里段宽	34.34％基本宽度
第一跖趾关节部位	72.5％脚长			小趾外凸点部位外段轮廓宽	54.10％基本宽度
第五跖趾关节部位	63.5％脚长			小趾外凸点部位外段边距	4.32％基本宽度
腰窝部位	41％脚长			小趾外凸点部位脚印外段宽	49.78％基本宽度
踵心部位	18％脚长			第一跖趾关节部位外凸点里段轮廓宽	43％基本宽度
后跟边距	4％脚长			第一跖趾关节部位外凸点里段边距	6.94％基本宽度
				第一跖趾关节部位外凸点脚印里段宽	36.06％基本宽度
				第五跖趾关节部位外凸点外段轮廓宽	57％基本宽度
				第五跖趾关节部位外凸点外段边距	5.30％基本宽度
				第五跖趾关节部位外凸点脚印外段宽	51.61％基本宽度
				腰窝部位外段轮廓宽	46.7％基本宽度
				腰窝部位外段边距	7.17％基本宽度
				腰窝部位脚印外段宽	39.53％基本宽度
				踵心全宽	67.70％基本宽度
				踵心外段边距	7.63％基本宽度
				踵心里段边距	2.30％基本宽度
				踵心脚印全宽	50.87％基本宽度

3.2.2.2 基于图像识别的分析技术

基于图像识别的分析技术的基本原理和方法为运用图像描摹技术、轮廓识别技术和距离测量技术，对正常脚底图案进行二进制图像处理，得到脚型的最大面积形状，对最大部位点进行识别，标记出部位点，相关部位点的直线距离是测量所需的长和宽，根据一定比例进行换算，得出各个部位的脚型数据，如图 3－15、图 3－16 所示。

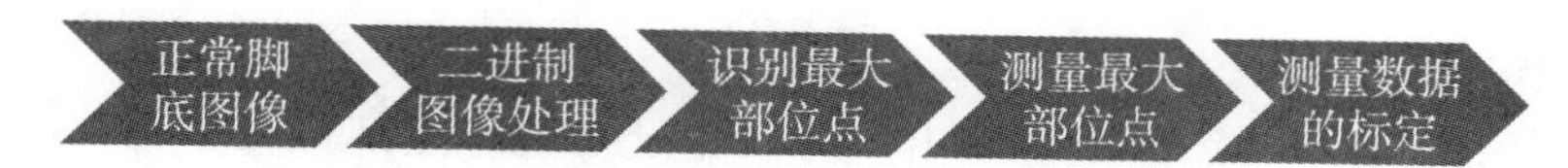

图 3-15　基于图像识别的分析技术过程

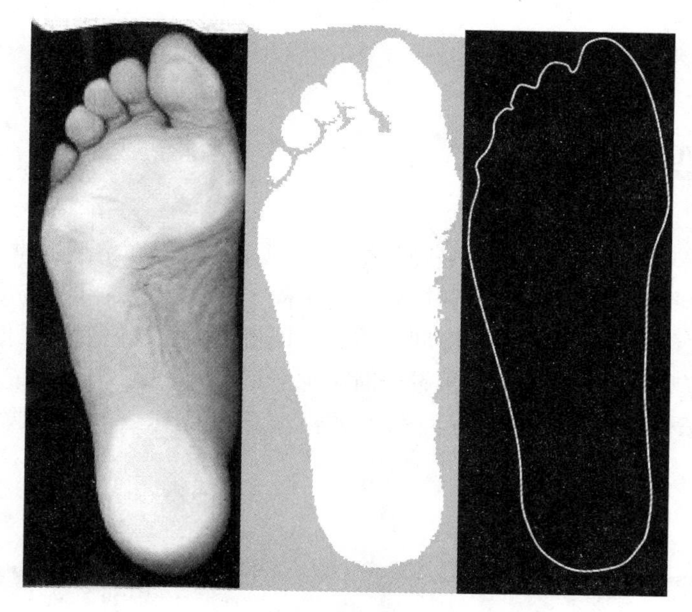

图 3-16　基于图像识别的分析技术

3.2.2.3　基于三维脚部模型的分析技术

三维脚型的测量分为长度和宽度测量技术、围度测量技术。在长度和宽度测量过程中，通常选取离地面一定高度的测量平面，避免测量精度误差。基准测量平面的高度不一，本书参考《鞋楦设计原理》，将 20 mm 作为脚型轮廓的投影参数。

脚型长度和宽度的计算可以参考 3.2.1 进行。

围度测量与长度和宽度测量有较大不同，以下重点介绍跖趾围、跗背围和兜跟围的分析技术。

（1）跖趾围。

根据《鞋楦设计原理》的方法，首先，参考脚型比例的经验数值确定第一跖趾关节部位外凸点和第五跖趾关节部位外凸点的位置；其次，通过数值模拟方法近似求出第一跖趾关节最高点，根据三点构建平面的方法，得到平面；再次，求出平面与三维脚型的交点，两交点之间的距离之和为围度；最后，优化第一跖趾关节最高点的位置，即寻找当第一跖趾关节最高点处于某一位置时的围度为最小值的点位。

（2）跗背围。

跗背围的测量方法与跖趾围类似，跖趾围中的三个关键点（跗骨部位点、腰窝外侧部位点和腰窝部位点在中轴线的投影）均有经验数据，以此三点来确定一个平面，并求出该平面与脚型模型交点，进而两两交点之间的距离之和则为围度。

（3）兜跟围。

兜跟围中的舟上弯点部位不易求出，可以先设舟上弯点部位为 P（x，y，z）；P 点沿附近的轮廓线（x 轴方向）移动，建立垂直于 xOz 平面且经过 P 和后跟着地点的平面；该平面随着 x 的增减出现与脚型模型交点的总距离（围度）差异的变化，当围长为最小值时，则为兜跟围。

3.3 脚楦匹配技术

鞋履定制中，最核心的技术就是脚和楦的匹配，而脚型和楦型通常存在一定差异。鞋楦作为脚型模具，参与鞋类生产，需要具备不同于脚型的线条和流畅度，体现鞋类产品的风格。因此，脚型不可能完全等同于楦型，即使是在数据层面上。但是，楦型应在一定范围内与脚型匹配，使用户穿着鞋子时更加舒适。

脚楦匹配技术是构建脚型和楦型的关系模型，并将其数据化。脚楦匹配的步骤如图 3－17 所示。

图 3－17　**脚楦匹配的步骤**

3.3.1 脚型分型

脚有高低肥瘦，脚的高低主要指足弓的高低和脚背的高低，脚的肥瘦是指脚部的肌肉和组织的多少。通常情况下，鞋不合脚是因跗背高低问题导致穿不进鞋或鞋的跟脚性不好，或因肥瘦问题造成穿鞋挤脚或穿鞋空。因此，研究脚楦匹配之前，需要进行脚型分型，如图 3－18、图 3－19 所示。

图 3－18　**脚型分型**

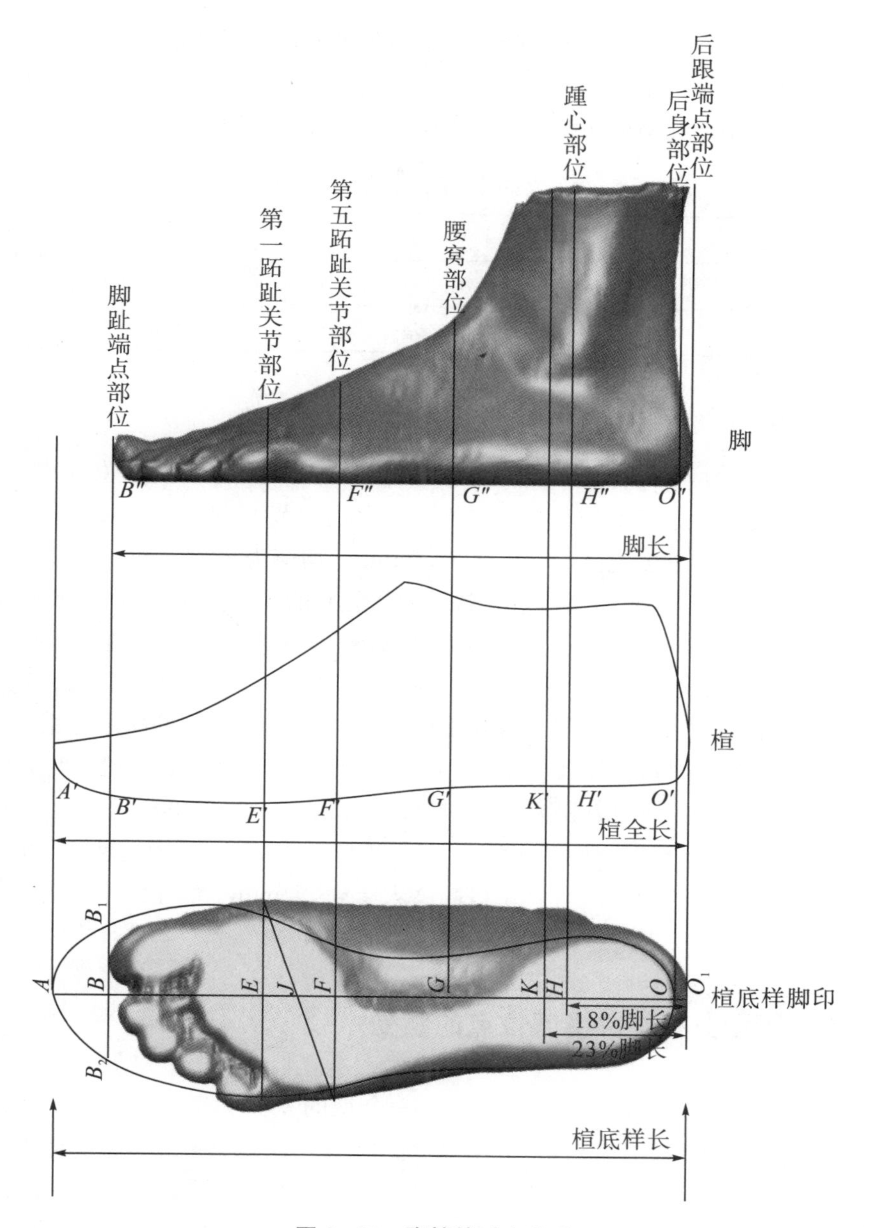

图 3－19　脚楦的对应关系

3.3.1.1　足部肥瘦分型

人体在站姿和坐姿时身体负重程度不同，其脚部发生的形变不一样；足部骨骼的改变会导致脚部尺寸的变化，足部肌肉少的尺寸变化小于肌肉多的。因此，可以通过计算站姿和坐姿情况下脚型跖趾围的极大值和极小值，得出二者的差值，从而对脚部肥瘦进行分型。

本书对 21 名健康男性（平常鞋码为 250 mm）和 20 名健康女性（平常鞋码为 230 mm）的脚型数据进行分析，结果见表 3－2。男性脚部以 4.1 mm 为分型依据，当站姿和坐姿跖趾围之差小于 4.1 mm 时，属于瘦脚；当站姿和坐姿跖趾围之差大于 4.1 mm 时，属于肥脚。女性脚部以 3.1 mm 为主要分型依据，当站姿和坐姿跖趾围之差小于 3.1 mm 时，属于瘦脚；当站姿和坐姿跖趾围之差大于 3.1 mm 时，属于肥脚。

表 3−2　男、女脚部肥瘦分型结果（单位：mm）

性别	Ⅰ型（瘦脚）	Ⅱ型（肥脚）
男	跖趾围之差<4.1	跖趾围之差>4.1
女	跖趾围之差<3.1	跖趾围之差>3.1

3.3.1.2　足弓高低分型

足弓高低主要看舟状骨粗隆处的高度，通过对我国 500 名（男、女比例为 1 ∶ 1）成年受试者的足弓高度进行研究得出，男性的足弓高度范围为 31.9～42.1 mm，均值为 37.0 mm，女性的足弓高度范围为 28.2～38.0 mm，均值为 33.1 mm。研究建立了足弓系数 AI（Arch Index）与足弓高度（舟状骨粗隆处）的关系。AI 的计算方法为：足弓区域的面积除以除脚趾外的脚底总面积。根据 AI 的计算结果，可以划分不同的足弓类型：$AI<0.1784$，低足弓；$AI>0.2502$，高足弓；$0.1784<AI<0.2502$，正常足弓。同时，通过线性拟合，得到 AI 与足弓高度的线性关系，其中，男性足弓系数（x）与足弓高度（y）关系的回归方程为 $y=-7.16x+5.29$，$r=-0.74$；女性足弓系数（x）与足弓高度（y）关系的回归方程为 $y=-4.41x+4.63$，$r=-0.59$。

根据足弓高度进行分类，对于男性，足弓高度大于 40.1 mm，为高足弓；足弓高度小于 36.0 mm，为低足弓。对于女性，足弓高度大于 38.4 mm，为高足弓；足弓高度小于 35.3 mm，为低足弓。

3.3.2　不同脚型分型在关键部位点的感受

在目前的制鞋标准中，针对围度尺寸，一个型的差异为 7 mm，半个型的差异为 3.5 mm，帮面等差取 1/2，为 1.75 mm，约为 2 mm，这就意味着脚型的型差变化和帮面变化等差一致。研究表明，鞋腔跖趾围缩小 2 mm 引起的足底跖趾区域的压力增大比鞋腔围度扩大 2 mm 引起的差异要大，且有统计学意义，这说明采用 2 mm 作为围度变化的调节值能够有效引起足底压力的变化。

以 2 mm 为基础，探索跖趾围、跗背围和兜跟围部位在尺寸变化时的舒适度感受，总结出不同鞋跟高下，男性、女性关键部位点的舒适度的最优情况，见表 3−3。

表 3−3　不同脚型分型在关键部位点的感受（单位：mm）

跟高		跖趾围		跗背围		兜跟围	
		Ⅰ型	Ⅱ型	Ⅰ型	Ⅱ型	Ⅰ型	Ⅱ型
男	25	0	0	−2*	2**	−2*	2**

表3－3

跟高		跖趾围		跗背围		兜跟围	
		Ⅰ型	Ⅱ型	Ⅰ型	Ⅱ型	Ⅰ型	Ⅱ型
女	20	－2*	2**	－2*	2**	－2*	－2*
	30	0	2	－2*	2**	－2*	－2*
	40	0	2	0	2**	0	0
	50	－2*	2**	－2*	2**	－2*	2**
	60	0	0	－2*	0	0	0
	70	0	0	0	0	0	0
	80	2**	2**	－2*	2**	－2*	2**

注：*. 减小 2 mm；

**. 增大 2 mm。

3.3.3 建立脚楦关键部位点的对应关系

建立脚楦关键部位点的对应关系的主要技术原理是利用脚型数据，根据脚长、脚趾、跗骨围等相关参数与鞋楦的匹配关系进行优化，从而得到各脚型参数所占匹配值的权重，利用欧氏距离计算公式得到脚型与各鞋楦的匹配值，最后通过客户端返回匹配结果。计算公式为

$$E=\sum_{i=1}^{N}[\varphi_i(\hat{m}_{i-}\widehat{m}_i)]^2$$

式中，$\hat{m}_i$ 和$\widehat{m}_i$ 分别为脚型和鞋楦的对应参数，E 为脚型与各鞋楦的匹配值。

脚型、鞋楦 3D 模型匹配流程如图 3－20 所示。

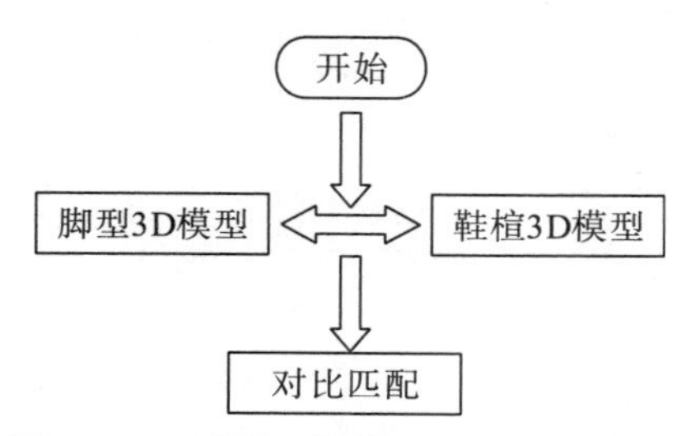

图 3－20 **脚型、鞋楦** 3D **模型匹配流程**

首先，根据脚型三维数据建立 STI 格式的 3D 模型，包括对单面数据的匹配融合渲染等；其次，对最接近的 5 组鞋楦建立 3D 模型，对于非平底鞋楦，应建立展平后的 3D 模型，除建立常规 3D 模型外，还涉及 3D 模型的转换等；最后，对脚型和鞋楦 3D 模型设置一些关键点，并进行参数的对比匹配，如跗骨和脚趾等位置，对特殊点位置的匹配结果进行伪彩色显示。匹配渲染结果如图 3－21 所示。

图 3－21　匹配渲染结果

3.4　舒适度评价技术

3.4.1　鞋履定制产品的舒适度

舒适度，是指用户在使用产品过程中感受到的舒适程度，包括心理层面和生理层面的舒适感受。心理层面的舒适感受包括愉悦、畅快，即使用产品能够为用户带来特定的情绪感受；生理层面的舒适感受主要指与产品的匹配度，如尺寸的合理性、使用的便利性及安全性。鞋履产品具有保暖、防滑等功能。作为服装配饰，鞋履产品能够起到提升个人形象的作用，满足用户的心理需求。因此，鞋履定制产品的舒适度，需要从多个角度进行评价。鞋履定制产品舒适度的构成如图 3－22 所示。

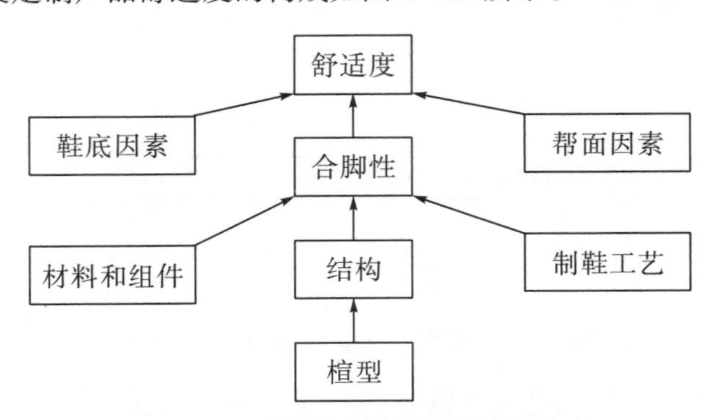

图 3－22　鞋履定制产品舒适度的构成

3.4.2　鞋履定制产品的舒适度评价技术

鞋履定制产品的舒适度评价技术主要分为基本评价技术、重点评价技术、特殊评价技术，如图 3－23 所示。

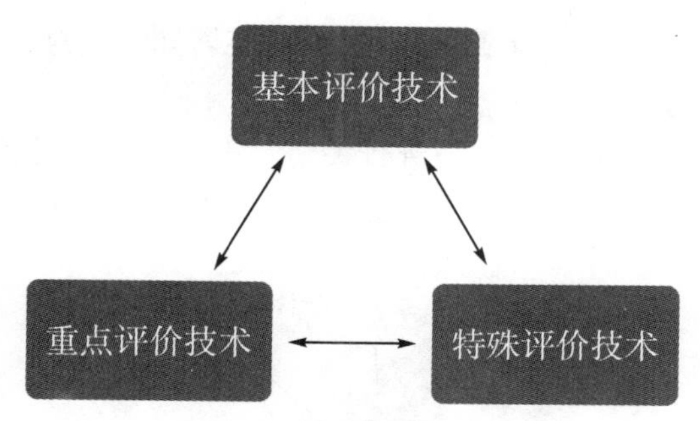

图 3－23　鞋履定制产品的舒适度评价技术

3.4.2.1　基本评价技术

基本评价技术包括舒适度期望值、外观和手感。

（1）舒适度期望值。

对于不同场景的产品，用户对舒适度有特定的期望。例如，女性穿着高跟鞋，下肢肌肉处于紧绷的状态，长时间穿着容易造成肌肉疲劳，产生不适感，但穿着一定高度的高跟鞋，有利于展现女性优美的线条，也提升了女性对美的感受。因此，需要针对不同的定制鞋履产品，制定用户的舒适度期望值。

（2）外观和手感。

外观和手感涉及产品品质，其主要由产品定位决定，不同定位的产品所选用的工艺和材料是不同的。因此，应基于定制产品的价格、工艺及品质来确定产品的外观和手感。可以使用主观评分的方法来综合评价外观和手感。

3.4.2.2　重点评价技术

重点评价技术包括合脚性和试穿主观评价。

（1）合脚性。

合脚性是指脚和楦的匹配程度。前述部分重点介绍了脚楦匹配，但侧重于建立脚楦匹配逻辑，以实现更符合脚型的鞋楦设计，保证定制鞋履产品的合脚性。但是，在生产制造过程中可能存在误差，选用材料有差别，导致产品最终呈现的合脚性存在一定差异。另外，半定制鞋履产品并非基于脚型设计，而是选用贴近脚型尺寸的标准鞋楦产品，因此存在合脚性问题。针对这些问题，SATRA 提出了合脚性评价方法（SATRA TP4：2013），即测量受试者的脚型，同步分析出脚长、脚宽等八项数据，最终由评价者判定所测脚型尺寸是否符合目标市场。

（2）试穿主观评价。

受试者试穿产品，完成不同的动作任务，并对试穿情况进行评价。

①选择受试者。

进行样本量的计算，确定中间型号的脚型尺码。例如，女鞋中间尺码为 23 号，样本脚长范围为（230±5）mm；男鞋中间尺码为 25 号，样本脚长范围为（250±5）mm。建立入选标准：脚型外观检查无畸形，无足部病史，身高、体重符合国家标准［我国成年人身体质量指数系数（BMI）为 23]。受试者需签署知情同意书。

②确定重点感受部位。

主要评价第一趾骨关节，第二、三趾骨关节，第四、五趾骨关节，着地点，腰窝内侧，腰窝外侧，脚跟共七个部位的感受，如图 3－24 所示。

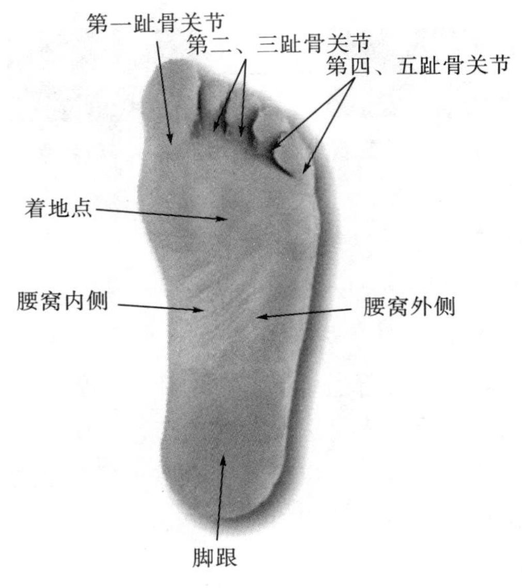

图 3－24　脚部重点感受部位

③完成特定动作。

主要测试动作有下蹲、起立，平地行走，上、下楼梯。

下蹲、起立：受试者自然站立，双脚平行，双腿缓慢弯曲，双手放在膝盖上，直到小腿与大腿贴合，停顿 2 s，缓慢起立至双腿伸直，共完成 3 次。休息 1 min，填写表格。

平地行走：受试者以自然的行走速度从起点走到测试点终点，再返回起点，全程 100 m，共完成 3 次。休息 1 min，填写表格。

上、下楼梯：受试者以自然的上、下楼梯速度从 1 楼楼梯口走上 2 楼楼梯口，再返回 1 楼楼梯口，共 26 层台阶，共完成 3 次。休息 1 min，填写表格。

④打分评价。

填写舒适度感官性能调查表，如图 3－25 所示。

表3－24　舒适度感官性能调查表

测试时间：　　年　月　日　时　　　　　　　室温　　℃

承测人员		身高　　cm				体重　kg		编号			
脚长　mm	兜跟围长　mm	跗背围长　　mm				趾跖围长　　mm					
类别	评价因素	承测人员评价值									
蹲下	第1趾骨	1	2	3	4	5	6	7	8	9	10
	第2～5趾骨	1	2	3	4	5	6	7	8	9	10
	跖趾内侧区域	1	2	3	4	5	6	7	8	9	10
	跖趾外侧区域	1	2	3	4	5	6	7	8	9	10
	跖趾中间区域	1	2	3	4	5	6	7	8	9	10
	足弓内侧区域	1	2	3	4	5	6	7	8	9	10
	足弓外侧区域	1	2	3	4	5	6	7	8	9	10
	脚跟	1	2	3	4	5	6	7	8	9	10
起立	第1趾骨	1	2	3	4	5	6	7	8	9	10
	第2～5趾骨	1	2	3	4	5	6	7	8	9	10
	跖趾内侧区域	1	2	3	4	5	6	7	8	9	10
	跖趾外侧区域	1	2	3	4	5	6	7	8	9	10
	跖趾中间区域	1	2	3	4	5	6	7	8	9	10
	足弓内侧区域	1	2	3	4	5	6	7	8	9	10
	足弓外侧区域	1	2	3	4	5	6	7	8	9	10
	脚跟	1	2	3	4	5	6	7	8	9	10
平地	第1趾骨	1	2	3	4	5	6	7	8	9	10
	第2～5趾骨	1	2	3	4	5	6	7	8	9	10
	跖趾内侧区域	1	2	3	4	5	6	7	8	9	10
	跖趾外侧区域	1	2	3	4	5	6	7	8	9	10
	跖趾中间区域	1	2	3	4	5	6	7	8	9	10
	足弓内侧区域	1	2	3	4	5	6	7	8	9	10
	足弓外侧区域	1	2	3	4	5	6	7	8	9	10
	脚跟	1	2	3	4	5	6	7	8	9	10
上楼	第1趾骨	1	2	3	4	5	6	7	8	9	10
	第2～5趾骨	1	2	3	4	5	6	7	8	9	10
	跖趾内侧区域	1	2	3	4	5	6	7	8	9	10
	跖趾外侧区域	1	2	3	4	5	6	7	8	9	10
	跖趾中间区域	1	2	3	4	5	6	7	8	9	10
	足弓内侧区域	1	2	3	4	5	6	7	8	9	10
	足弓外侧区域	1	2	3	4	5	6	7	8	9	10
	脚跟	1	2	3	4	5	6	7	8	9	10
下楼	第1趾骨	1	2	3	4	5	6	7	8	9	10
	第2～5趾骨	1	2	3	4	5	6	7	8	9	10
	跖趾内侧区域	1	2	3	4	5	6	7	8	9	10
	跖趾外侧区域	1	2	3	4	5	6	7	8	9	10
	跖趾中间区域	1	2	3	4	5	6	7	8	9	10
	足弓内侧区域	1	2	3	4	5	6	7	8	9	10
	足弓外侧区域	1	2	3	4	5	6	7	8	9	10
	脚跟	1	2	3	4	5	6	7	8	9	10

注：1分代表极不舒适；9分代表非常舒适。

3.4.2.3 特殊评价技术

特殊评价技术包括透水气性、减震/缓冲性能、支撑性。

（1）透水气性。

穿着鞋进行运动，脚部皮肤的呼吸作用会产生水蒸气，若鞋履产品的透水气性较好，则能够确保脚部保持干爽。然而，由于制鞋工艺和材料厚度等因素的影响，鞋履产品的透水气性有一定局限性，导致穿着者感觉不适且伴有出汗。另外，脚部因变热而膨胀，使鞋更加紧贴而产生额外压力，增加了穿着者的不适感。因此，对鞋的透水气性进行评价，是提升长期穿着鞋履产品舒适度的重要依据。SATRA 透水气性评价如图 3－25 所示。

图 3－25　SATRA 透水气性评价

（2）减震/缓冲性能。

减震/缓冲性能包括高能量输入的减震性、中等能量输入的减震性和低能量输入的容纳性。行走过程中后跟部位产生的高冲击力，以及跑步过程中前脚掌的受力，都属于高能量输入。中等能量输入指正常行走时足底所承受压力的平均值。设计合理的鞋能够均匀分散穿着者自身产生的压力，减小局部高压。局部高压可能会导致溃疡和老茧，增加穿着不适感。低能量输入的容纳性重点考察脚在鞋内的移动及对移动的控制，如帮面材料的缓冲能力、摩擦力等。通常容易压缩的内里能够使穿着者更愉悦和舒适。SATRA 减震/缓冲性能评价如图 3－26 所示。

图 3－26　SATRA 减震/缓冲性能评价

（3）支撑性。

支撑性指鞋的重量以及外底、中底、鞋垫和帮面结构对于脚部的支撑能力。良好的支撑性能够使穿着者保持稳定的运动状态，从而提升穿着者的安全感和舒适度。鞋的主要支撑部位如图 3－27 所示。

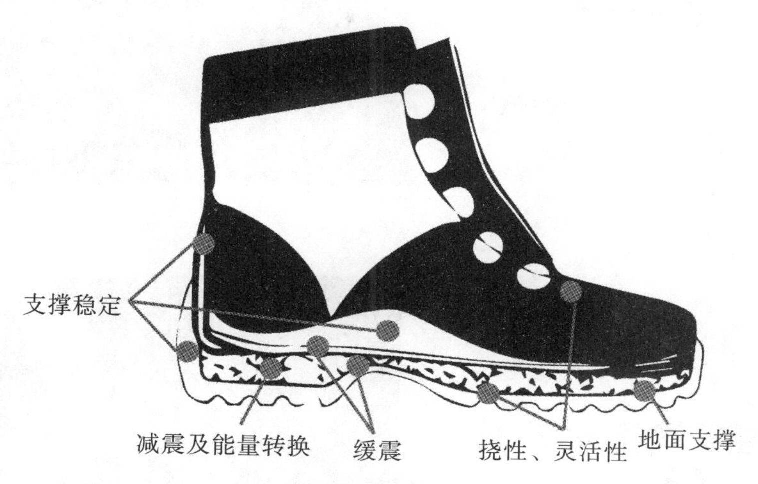

图 3－27　鞋的主要支撑部位

3.5　交互体验技术

交互体验技术主要指在获得鞋履产品的过程中，用户与品牌之间的互动。传统的线上交互体验主要是浏览产品详情页，向客服咨询；传统的线下交互体验是拿取、查看产品，与导购交流。随着数字化和信息化技术的发展，越来越多的技术能够用于鞋履定制的交互体验过程，增强产品的展示效果，实现个性化设计、数据测量、风格识别等。

3.5.1　增强现实产品

增强现实（Augmented Reality，AR）是一种实时计算摄影机影像位置及角度，并附加相应图像，对真实世界信息和虚拟世界信息进行“无缝”集成的技术，其目标是通过屏幕实现虚拟世界和现实世界的互动。

部分增强现实 App 及使用场景如图 3－28 所示。

GE

工作上的得力帮手。

GE 正开始将增强现实技术应用于各种工作方式中。例如，让维修员工能直观地查看工业设备，从而提高维修效率。

（a）GE

IKEA Place

先在家里摆一摆，再决定买不买。

有了 IKEA Place，家居产品的外观、感觉，以及摆放在家中的效果都可以呈现在你眼前。足不出户，轻松搞定。

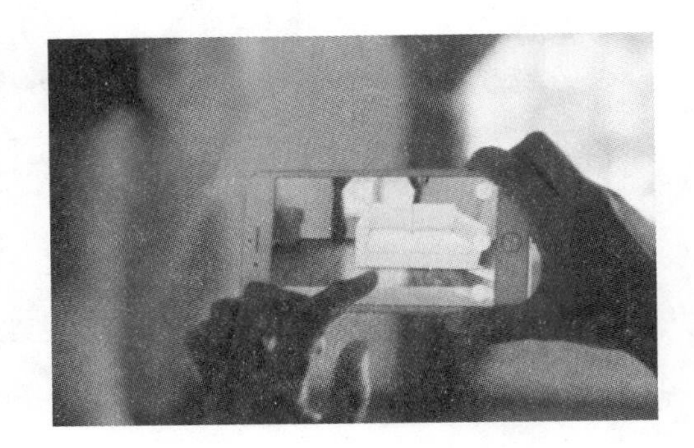

（b）IKEA Place

American Airlines

直达你的登机口。

American Airlines 开发了一款很好的增强现实 App 原型，它能把各种实时资讯叠加显示在你当前所处的机场航站楼环境中，让旅客能轻松找到咖啡店、最近的洗手间，以及要去的登机口。

（c）American Airlines

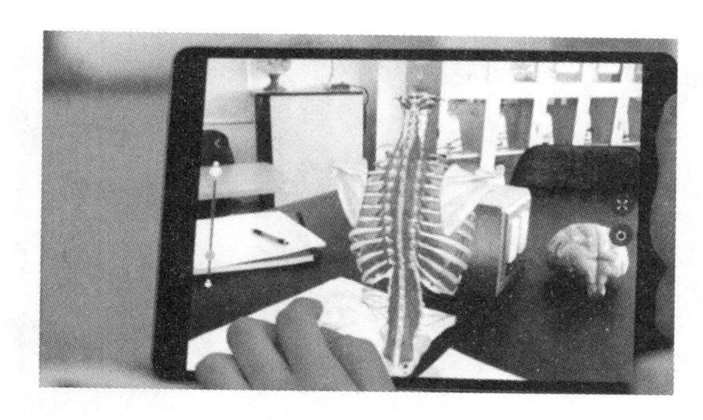

（d）Complete Anatomy

（e）WWF Free Rivers

图 3—28　部分增强现实 App 及使用场景

在鞋类产品展示领域，虚拟试鞋 App 可以让用户即时预览产品的上脚效果，其追踪功能可以让虚拟的鞋随着双脚移动，使用户从多个角度预览鞋的设计及上脚效果，如图 3—29 所示。

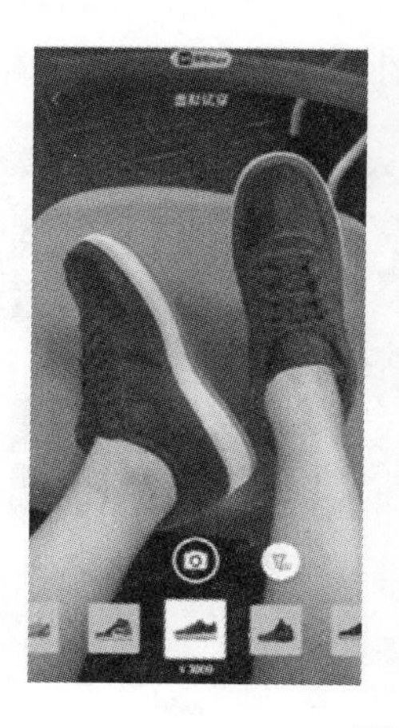

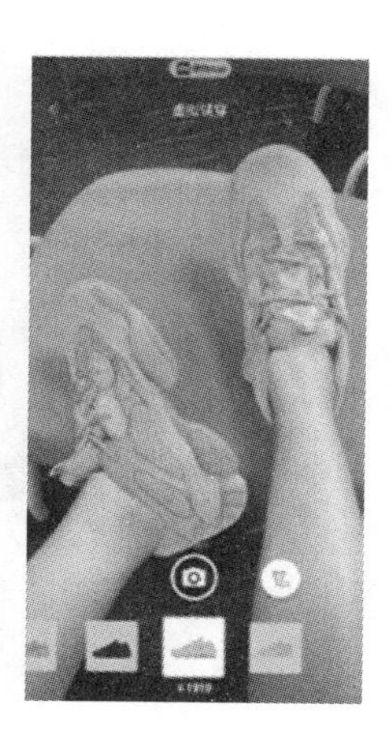

图 3—29　虚拟试鞋效果展示

目前，传统鞋类品牌纷纷尝试鞋类产品 AR 技术，为用户带来了更多的产品交互体验，如 GUCCI、CONVERSE、Nike、Adidas 等。GUCCI、CONVERSE 虚拟试鞋效果分别如图 3—30、图 3—31 所示。

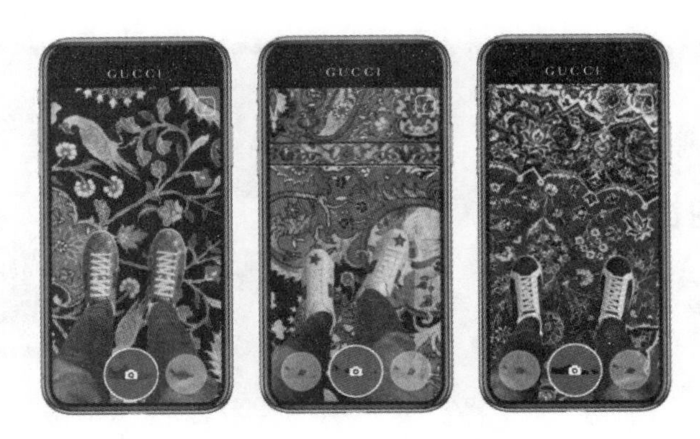

图 3－30　GUCCI 虚拟试鞋效果

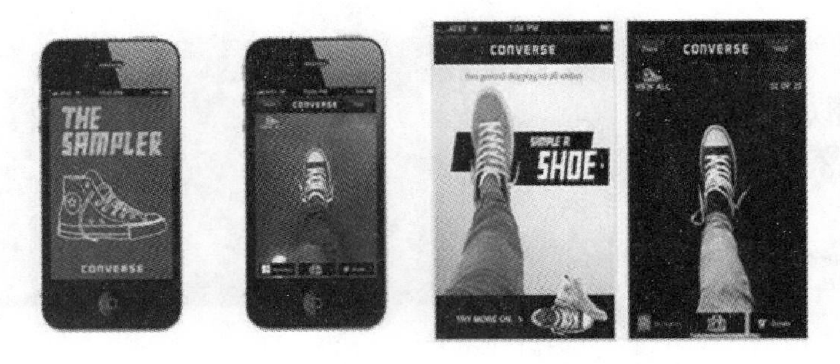

图 3－31　CONVERSE 虚拟试鞋效果

3.5.2　个性化选择产品交互技术

以红蜻蜓定制鞋为例，通过 App 或线上商城可直接进行产品的个性化定制，实现在线选择鞋面材料、鞋底类型和提供个性化签名，如图 3－32 所示。

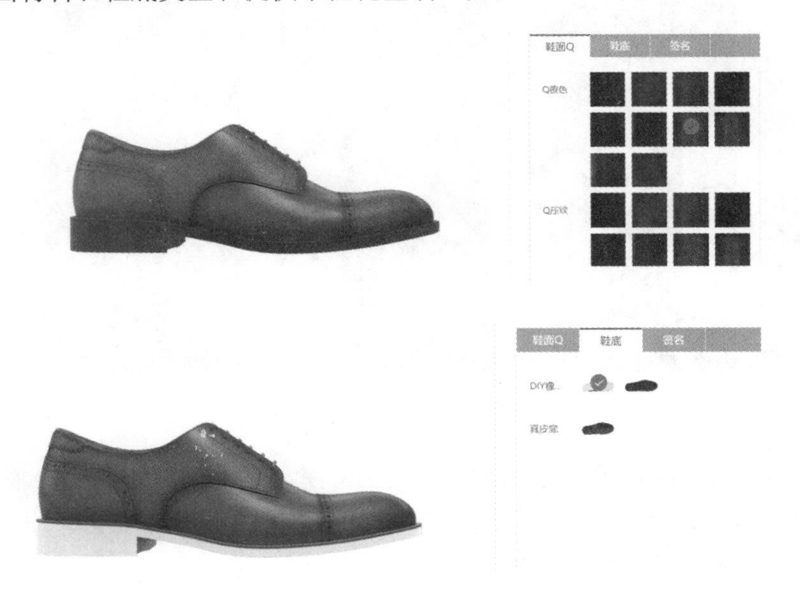

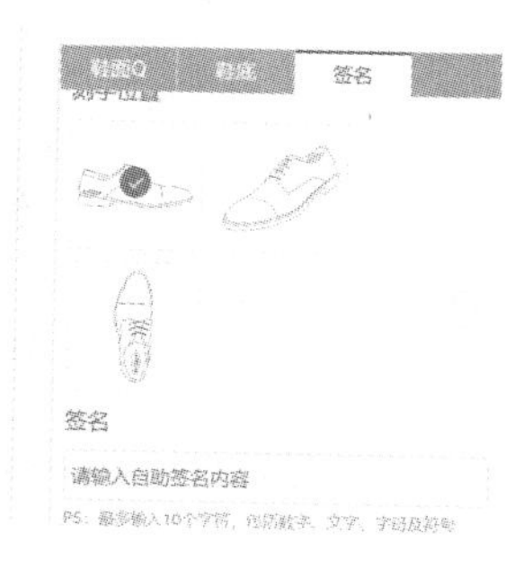

图 3－32　红蜻蜓线上商城定制鞋

模型制作是实现模型呈现的关键步骤。首先，制作模型效果图，收集已有图片（效果图或实物图），通过模型制作软件对图片进行数字化处理；其次，选取可替换的部位制作子部件模型，通常一个主部件可以搭配多个子部件，同一个替换部位有多个同类子部件可实现自由替换；再次，设定可替换区域的图层顺序，通常同类子部件在同一图层，图层顺序和效果图呈现有关方位，需与实物一致；最后，设定替换效果，如预设填充面料、渲染图片、处理明暗关系等。实现这种模型的制作，需要面料渲染技术、三维建模和渲染技术、三维渲染拼装技术和二维贴图技术等支持。

3.5.2.1　面料渲染技术

面料准备是满足材料个性化定制的必要元素。首先，收集产品效果图或实物图，得到面料小样效果。要确保面料的色彩、肌理、图案与实际生产面料一致。其次，对面料进行处理，主要是对图片效果的修正、渲染，如特定部位面料的明暗处理，要考虑加工工艺对面料光泽、质感、褶皱的影响。面料渲染效果如图 3－33 所示。

  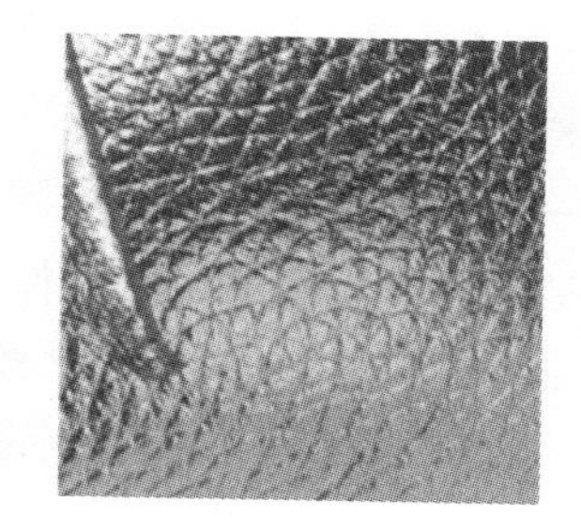

图 3－33　面料渲染效果

3.5.2.2　三维建模和渲染技术

三维建模和渲染技术是通过 Web 3D 进行实时渲染并展示 3D 模型效果，可以旋转、放大、缩小模型，更换模型的面料和部件，如图 3－34、图 3－35 所示。

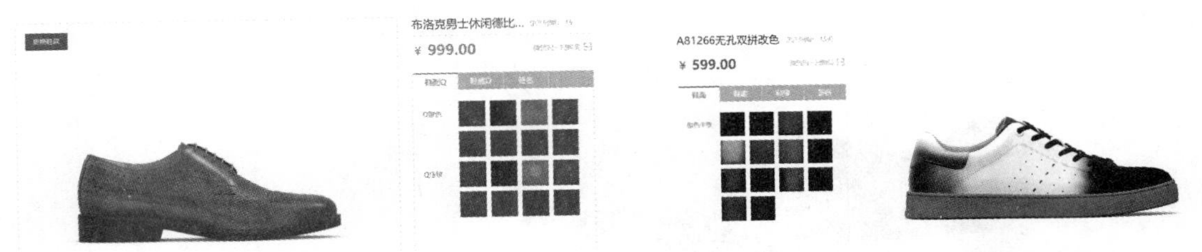

图 3—34 三维建模和渲染技术的更换操作

图 3—35 三维建模和渲染技术操作

3.5.2.3 三维渲染拼装技术

三维渲染拼装技术是通过 Web 3D 拼接图片，并对提前渲染好的图片进行 3D 效果展示，可以更换模型的面料和部件，旋转展示模型，如图 3—36 所示。

图 3—36 三维渲染拼装技术

三维渲染拼装技术的素材准备工作量较大。渲染结果要输出 24 帧不同角度的图片，经过通道分割，生成不同部件的渲染图。不同的部件和面料都需要渲染出一张效果图。将渲染产生的 24 帧部件效果图进行拼接，则可合成一张 24 帧长图。通常，可以提前渲染图片，使效果图的呈现最佳。

3.5.2.4 二维贴图技术

二维贴图技术是通过 Web 3D 将 2D 图片转化为 3D 模型，实时渲染并展示效果，可以更换面料和部件，不能旋转查看模型，如图 3—37 所示。若效果图为照片，则真实性最强；若效果图为线稿，则艺术效果最强。

图 3－37　二维贴图技术

二维贴图技术运用的软件较多，流程较复杂。第一，将原图导入 Maya 软件，描绘主要轮廓线；第二，根据原图部件、面料、结构或褶皱在描线的基础上建面；第三，对新建模型面进行展 UV 操作；第四，将要使用的面料填充在模型上，并渲染图片；第五，使用 Adobe Photoshop 从原图中提取阴影，添加到渲染好的图片上。如图 3－38 所示。

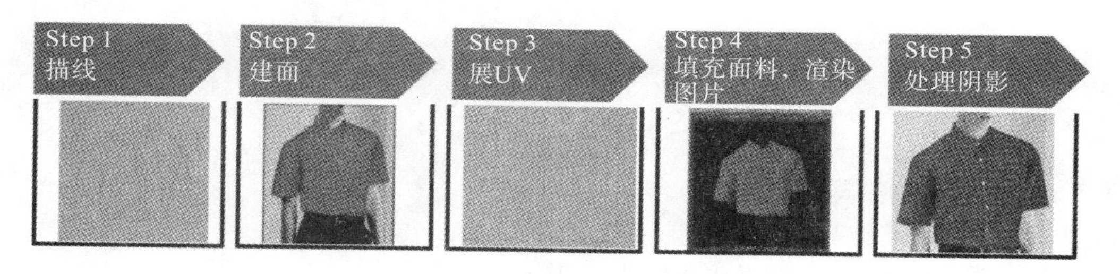

图 3－38　二维贴图技术的流程

3.5.3　手势交互技术

目前，手势交互技术的主要硬件有 Kinect、Leap Motion 和 Project Soli 等。它们能够实现与人体手势的交互，并转换成虚拟手势场景。Kinect 采用“Time of Flight”技术（图 3－39），由传感器发出近红外光，计算遇物体后反射所需的时间，这种技术主要用于大动作的采集，追踪十分准确。若要追踪小物体的运动，如手指动作，Leap Motion 更加有优势。

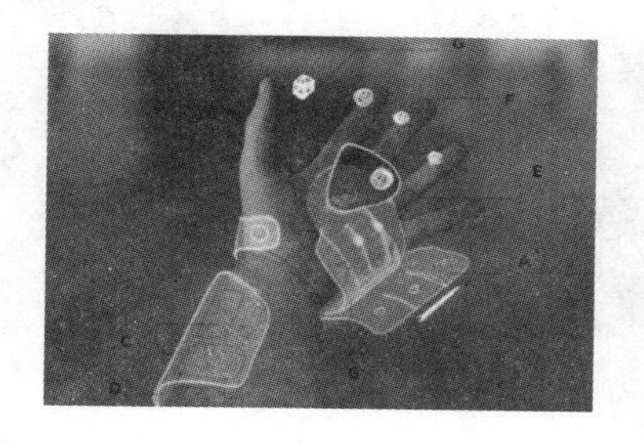

图 3－39　“Time of Flight”技术的手势交互

手势交互技术可以用于鞋类产品的浏览及鞋类产品细节的查看等方面，能为用户提供全新的视角来了解产品。

Project Soli 通过装有雷达/无线电装置的传感器准确且高速地追踪物体运动，其精度可达亚毫米级别，适用于小型设备和日常生活设备，如图 3−40 所示。

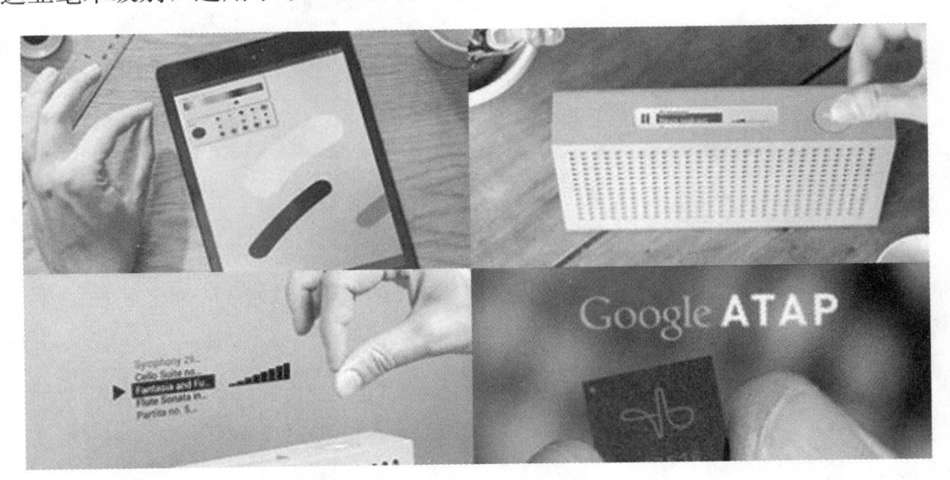

图 3−40　Project Soli 传感器

3.5.4　穿衣风格识别技术

通过建立识别标准，对服装类型进行划分。

3.5.4.1　服装轮廓判断

（1）判断服装肩部是否为夸张上扬的造型，且肩宽是否远超过身宽。若同时满足这两点，则为 V 型服装（图 3−41）；若满足其中一点，则按第（3）条标准判断。

图 3−41　V 型服装轮廓

（2）判断是否露肩，且肩宽是否不小于下摆宽。若同时满足，则为 T 型服装（图

3－42)；若满足其中一点，则按照第（3）条标准判断。

图 3－42　T 型服装轮廓

（3）若不是 V 型或 T 型服装，则按照图 3－43 进行判断。

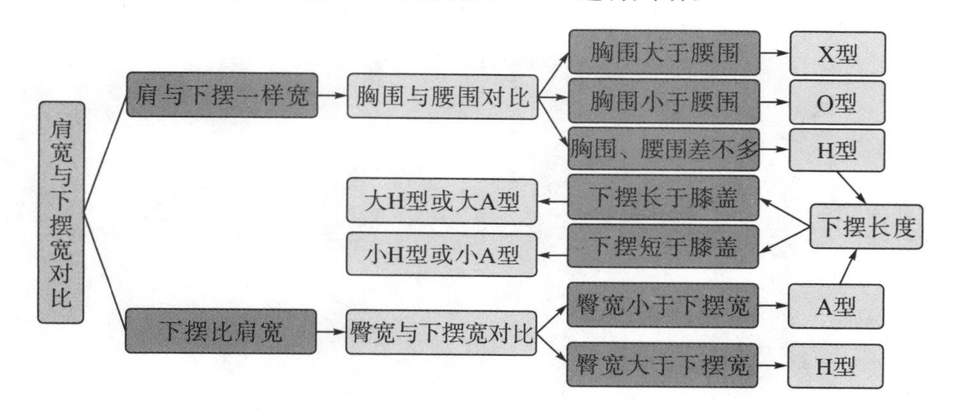

图 3－43　其他服装轮廓的判断方法

①X 型服装的胸围、臀围明显大于腰围，有明显的曲线，如图 3－44 所示。

图 3－44　X 型服装轮廓

②O 型服装的肩与下摆同宽，腰宽大于胸围，腰宽大于下摆宽度，如图 3－45 所示。

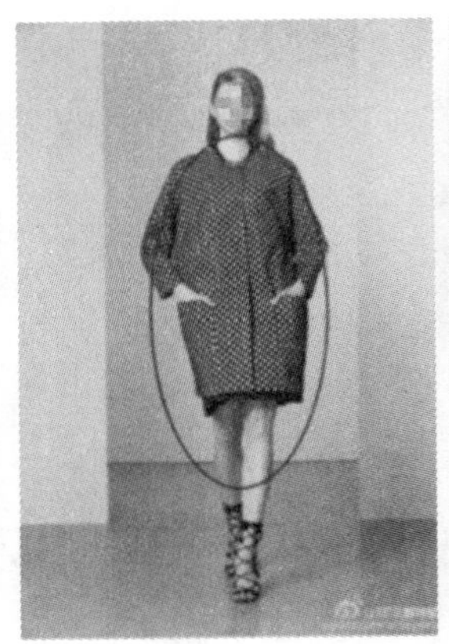
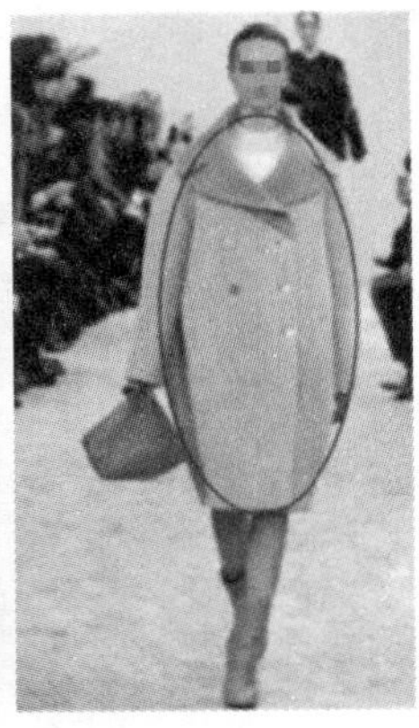

图 3-45　O 型服装轮廓

③大 H 型服装的肩与下摆同宽，腰围与胸围差不多，下摆盖过膝盖，如图 3-46 所示。

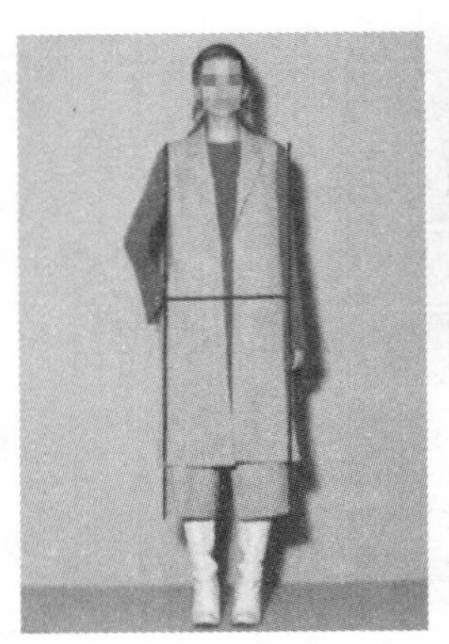
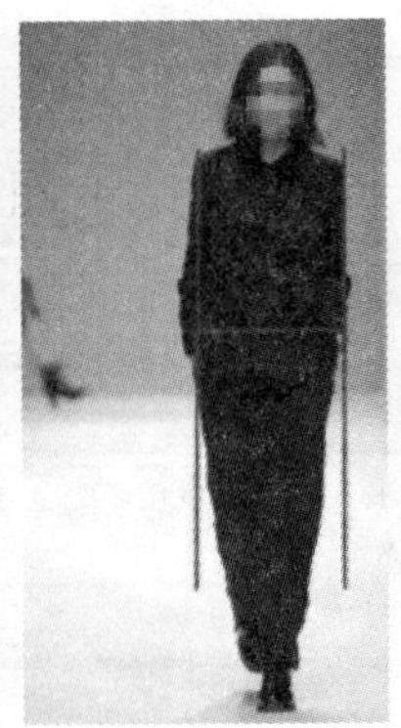
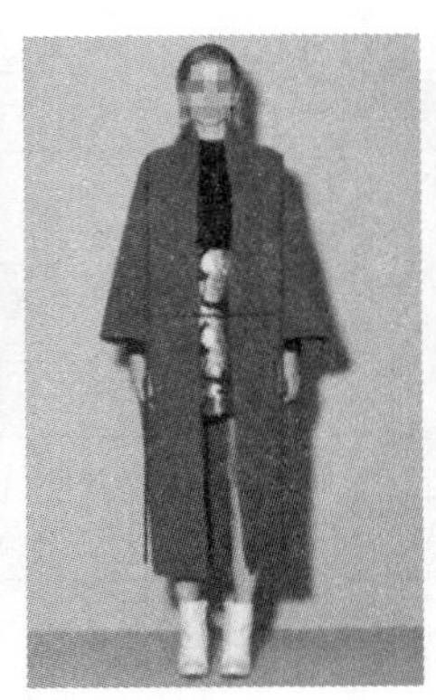
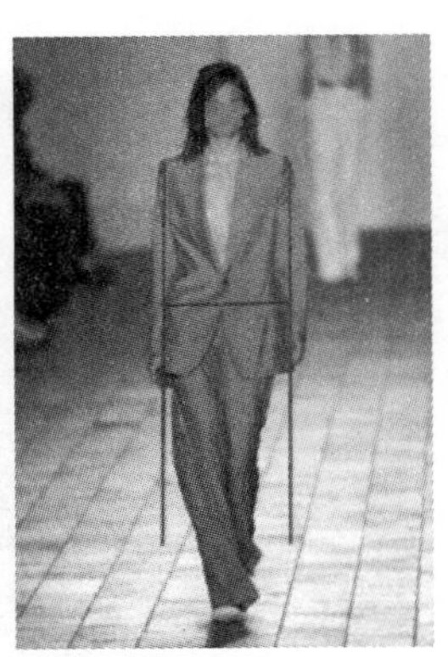

图 3-46　大 H 型服装轮廓

小 H 型服装的肩与下摆同宽，腰围与胸围差不多，下摆高于膝盖，如图 3-47 所示。

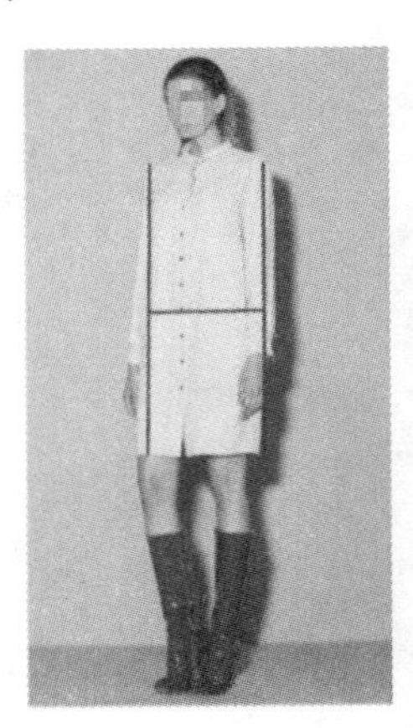

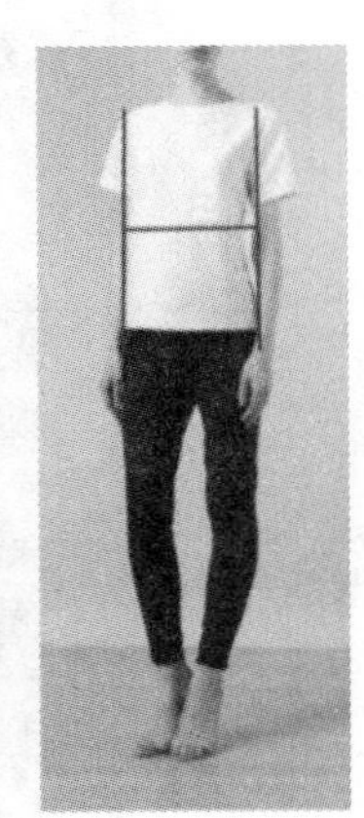

图 3-47　小 H 型服装轮廓

④大 A 型服装的下摆宽度大于肩部和臀部宽度，下摆盖过膝盖，如图 3-48 所示。

图 3-48 大 A 型服装轮廓

小 A 型服装的下摆宽度大于肩宽和臀部宽度，下摆高于膝盖，如图 3-49 所示。

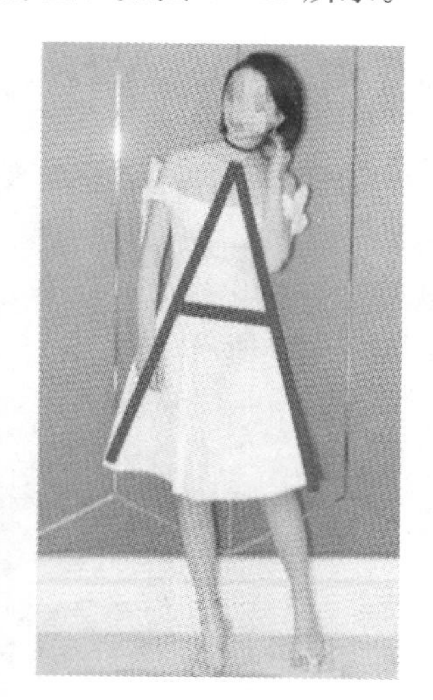

图 3-49 小 A 型服装轮廓

3.5.4.2 服装轮廓与鞋履产品的搭配

采用计算机视觉技术，对门店顾客的穿衣风格进行快速识别。第一时间了解顾客的喜好及风格，可以更加精准地推荐匹配的鞋履产品。对于不同轮廓的服装，应对应不同风格的鞋类产品，主要有以下六个方面的推荐：

(1) X 型服装通常体现中性、精干的风格特点，因此可推荐搭配设计新潮、色彩鲜明或具有复古风格的鞋履产品。

(2) T 型服装大多涉及露肩设计，通常分为两种风格：一是简约优雅型，可搭配经典、简约的带跟单鞋；二是时尚休闲型，可搭配豆豆鞋、带装饰的平底单鞋等。

(3) X 型服装主要表现性感或优雅的风格，可搭配时装单鞋，最好搭配高品质的细高跟单鞋，对材质、工艺有一定要求。

（4）O 型服装通常是宽松类型，主要体现休闲和简约风格，长度一般刚好超过膝盖，可选择中高筒或高帮短靴，要注意鞋型应与脚部贴合。

（5）H 型服装偏中性风格，通常由男士正装、T 恤或衬衣衍生而来，适合搭配中性风格皮鞋，如女士牛津鞋、乐福鞋、豆豆鞋等。

（6）A 型服装主要是凸显胸部及腰部线条的裙子，整体风格优雅，大 A 型服装较正式，小 A 型服装较日常、休闲。大 A 型服装可搭配高品质单鞋，小 A 型服装可搭配休闲类鞋履产品。

3.6 功能定制的关键技术

掌握功能定制的关键技术，是提高定制鞋履安全性和舒适性的关键。功能定制的关键技术包括步态分析技术、足底压力分析技术、协调性分析技术、运动平衡分析技术。

3.6.1 步态分析技术

运动学是描述物体运动的科学方法，主要包括在各种动作行为下人体各部位的相关运动学参数，如位移、速度、加速度、角速度、角加速度等。足部运动学是研究足部参数时—空变化规律的研究方法，主要通过步态分析展开。步态分析技术的主要计算过程如图 3—50 所示。

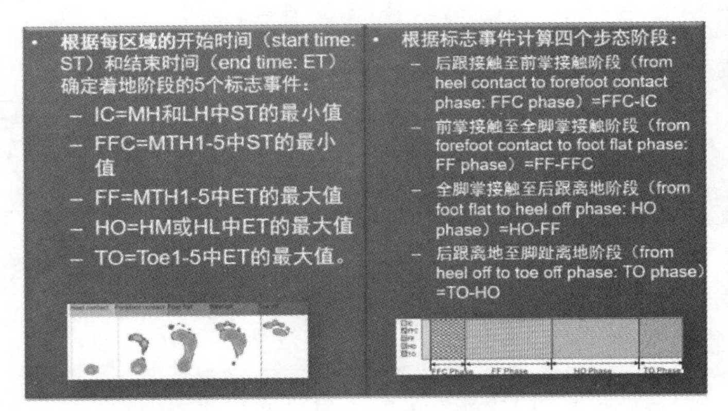

图 3—50 步态分析技术的主要计算过程

3.6.2 足底压力分析技术

足底压力分析技术是利用压力传感器获取人体行走过程中的足部受力情况。足底压力分析通常研究垂直方向上的受力情况。足底压力分析的主要研究参数有压力、压强、冲量和接触面积。研究区域（以 Footscan 系统为例）为第一拇指区域（T1）、第二拇指区域至～五拇指区域（T2～T5）、第一跖趾区域～第五跖趾区域（MTH1～MTH5）、足中部区域（MF）、足跟内侧区域（MH）和足跟外侧区域（LH），共 10 个区域，如图 3－51 所示。

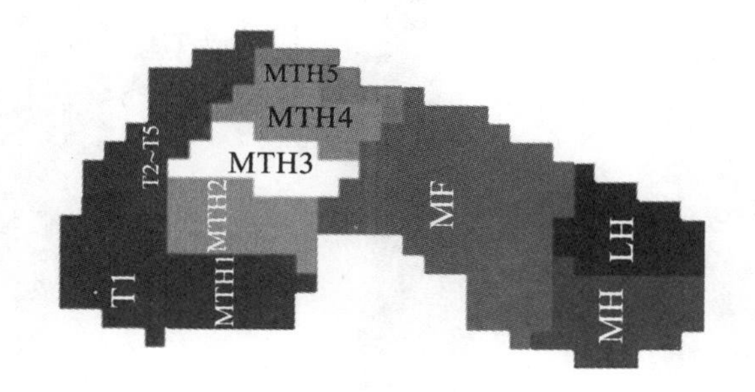

图 3－51　Footscan 系统足底压力分析技术研究区域

3.6.3　协调性分析技术

受试者的运动时—空参数通过 Codamotion 三维动作捕捉系统采集，Codamotion 设备有两个摄像头和若干标记点，如图 3－52 所示。标记点粘贴在受试者身上（为保证粘贴不影响运动，所有受试者需穿着紧身服进行测试），两个摄像头以 200 Hz 的频率捕捉标记点的时—空参数，确定运动坐标与时间。

图 3－52　Codamotion 设备

Codamotion 设备的标记点和虚拟点（Coda virtual marker）分别标记于图 3－53。Codamotion 设备的标记点和虚拟点名称说明分别见表 3－5、表 3－6。通过实验采集点的数据建立 11 个平面，再在平面之间建立欧拉角，如图 3－54 所示。两台 Codamotion 采集器置于长约 6 m 的跑道两侧，分别位于受试者的左侧和右侧，呈 160°角放置，以获得最佳采集效果。

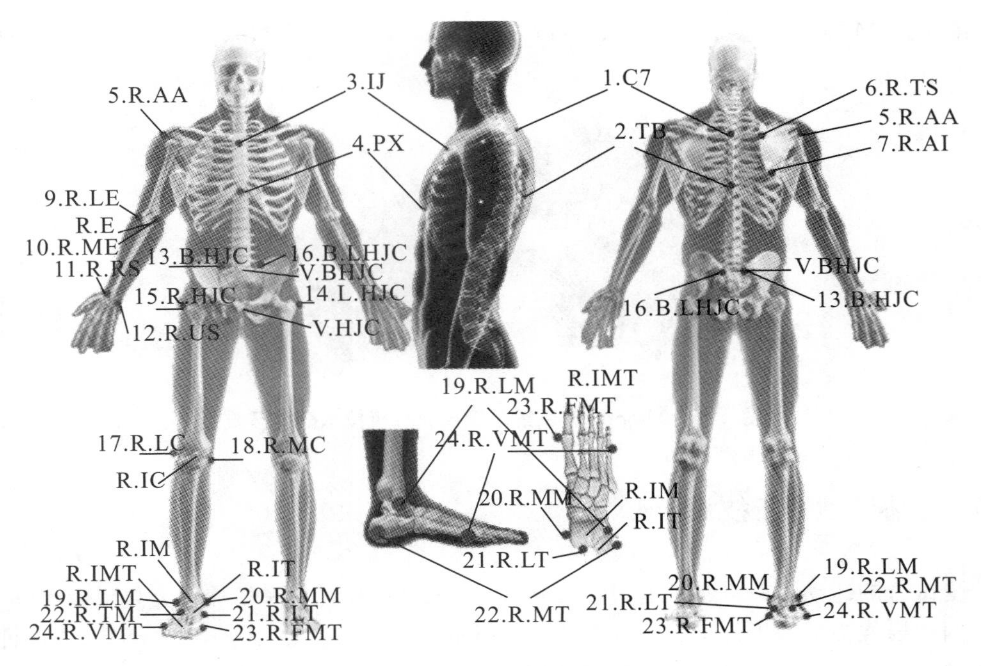

图 3－53　Codamotion 设备的标记点和虚拟点

表 3－5　Codamotion 设备的标记点名称说明

ID	名称	部位
1	C7	颈椎棘突点（第七颈椎椎体）
2	T8	胸椎棘突点（第八胸椎椎体）
3	IJ	颈静脉切迹深点（胸骨上切迹）
4	PX	剑突点（胸骨最尾点）
5	R. AA	肩峰点（肩胛骨最外侧点）
6	R. TS	肩胛冈三角区（脊柱跟点）肩胛冈内侧缘三角面的中点
7	R. AI	肩胛骨下角点，肩胛骨最尾点
8	无	无
9	R. LE	外上髁最尾点
10	R. ME	内上髁最尾点
11	R. RS	桡骨茎突外侧最尾点
12	R. US	尺骨茎突内侧最尾点
13	B. HJC	右侧髋关节后凸点
14	L. HJC	左侧髋关节前凸点
15	R. HJC	右侧髋关节前凸点
16	B. LHJC	左侧髋关节后凸点

续表3－5

ID	名称	部位
17	R. LC	胫骨髁外侧边缘最尾点
18	R. MC	胫骨髁内侧边缘最尾点
19	R. LM	足踝外侧凸点
20	R. MM	足踝内侧凸点
21	R. LT	后跟外侧凹点
22	R. MT	后跟内侧凹点
23	R. FMT	第一跖骨头背侧凸点
24	R. VMT	第五跖骨头背侧凸点

表 3－6　Codamotion 设备的虚拟点名称说明

名称	部位
V. T2	颈静脉切迹深点与颈椎棘突点连线的中点
V. T1	剑突点和胸椎棘突点连线的中点
V. HJC	左、右侧髋关节前凸点连线的中点
V. BHJC	左、右侧髋关节后凸点连线的中点
R. IT	后跟中点，为后跟内、外侧凹点连线的中点
R. IMT	跖骨中点，为第一跖骨与第五跖骨头背侧凸点连线的中点
R. IM	踝关节中点，为足踝内、外侧凸点连线的中点
R. IC	胫骨髁中点，为内、外胫骨髁边缘最尾点连线的中点
R. E	肘关节中心点，为内、外上髁最尾点连线的中点

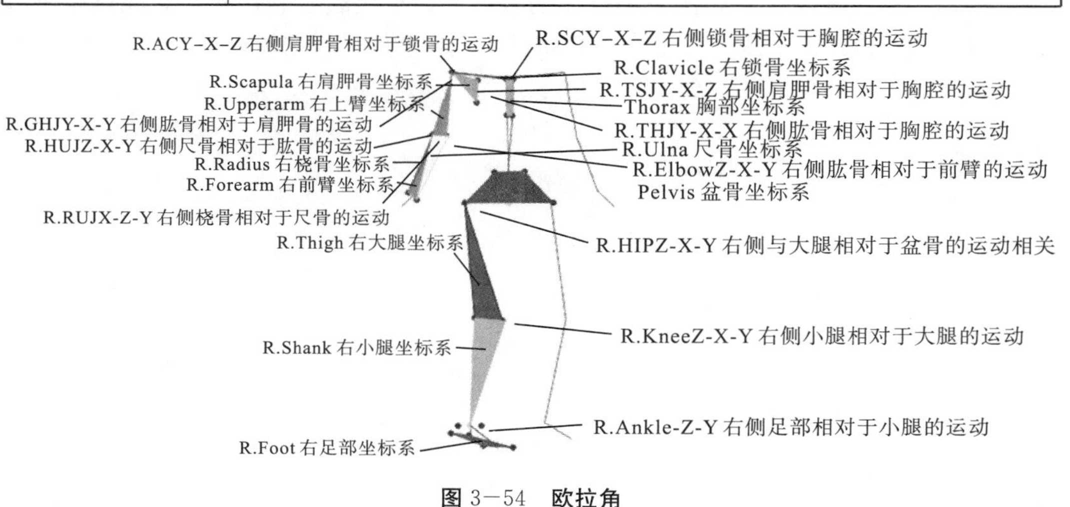

图 3－54　欧拉角

3.6.4　运动平衡分析技术

运动平衡主要是身体在失衡时通过调整动作或姿势以及力的大小来维持身体在运动中的稳态。研究运动平衡通常采用两种模型，如图 3－55 所示。

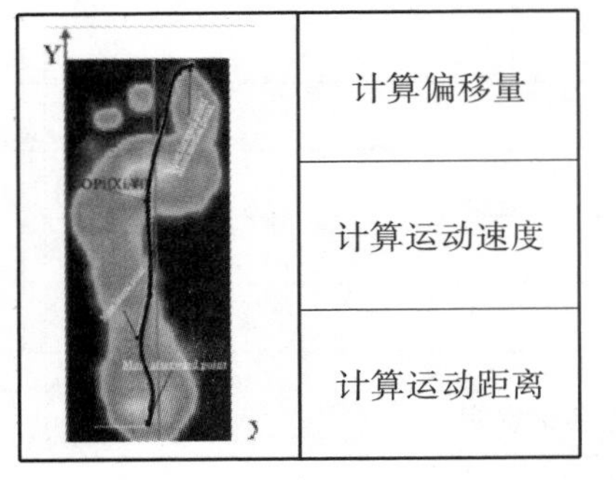

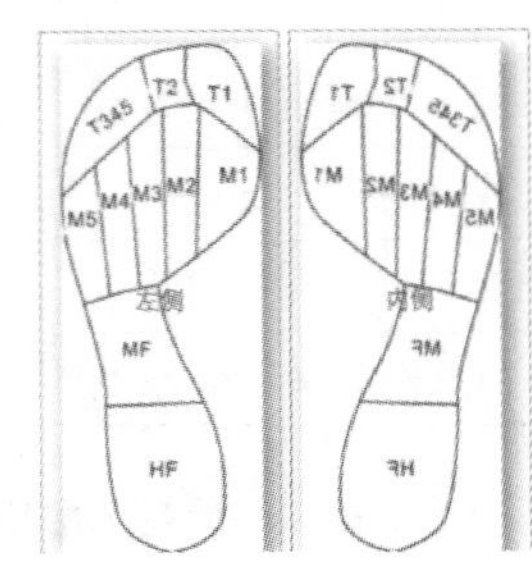

左右脚平衡计算公式：

Balance Ratio= $\sum_{i=1}^{10} P_i \div \sum_{i=1}^{10} P'_{i\square}$

P_i 为第 i 足底压力区域；

P 为左脚；

$P'_{\square}$ 为右脚。

图 3－55　运动平衡分析技术模型

3.7　定制鞋类产品部件化的关键技术

3.7.1　定制鞋类产品部件化的需求

鞋类产品部件化，是将通常情况下的鞋类组成部分分解为具有等级和次序的模块，通过组合不同等级和次序的模块形成产品。目前，各类品牌鞋类都开始提供个性化定制业务；然而，针对不同的业务场景和定制需求，定制鞋类产品部件化技术的要求也有所不同。大部分线上定制是在原有模型的基础上进行图案、色彩、局部部件的替换，通过 Web 3D 相关合成技术呈现定制鞋类产品的效果图。在鞋履定制过程中，除可选择款式、材料、局部部件特征外，鞋垫及其他特殊工艺也能够进行选择。鞋类产品部件如图 3－56 所示。

图 3—56　鞋类产品部件

应有部件模块有针对性地解决因用户脚型、行走习惯和行走环境等产生的问题，类似于手工定制鞋，一般要根据用户脚部尺寸、弧度等制作大底、楦头等重要部位。经验丰富的鞋匠还能根据用户行走习惯、行走环境，对细节进行调整。因此，既能提高穿着舒适度，又能矫正足部问题。定制鞋履的舒适度与鞋垫密切相关，拇指内外翻、足弓高低或病理性脚型对鞋垫设计的要求更高，按脚型特点匹配鞋垫至关重要，可以通过调整鞋垫不同部位的尺寸、材质（软硬程度、透气性、抗菌性等）来满足定制需求（图 3—57）。

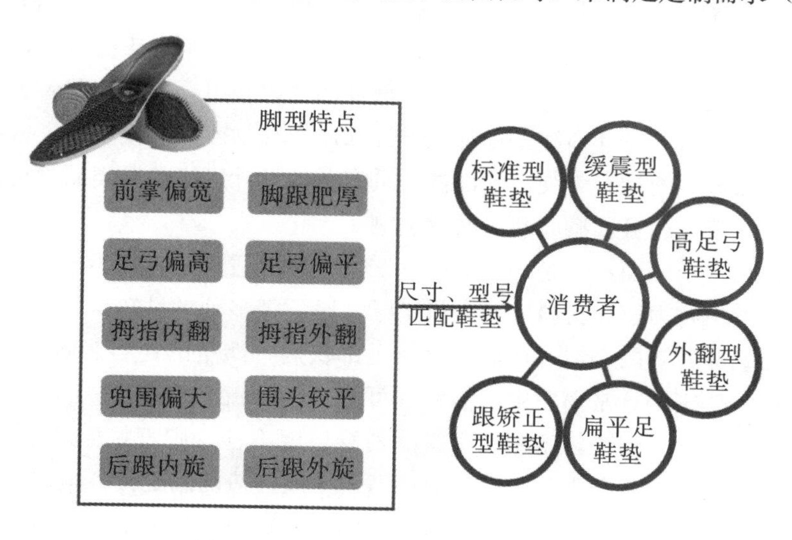

图 3—57　用户脚型特点与鞋垫的匹配

综上所述，要实现良好的用户体验和功能，需要丰富的部件模型并合理组合。在生产制造阶段，定制鞋类产品采用单件流生产模式，其本质就是模块化组装。因此，定制鞋类产品部件化既能满足用户交互体验需求，又能实现产品的柔性制造。

3.7.2 定制鞋类产品部件化的原则

定制鞋类产品部件化需要遵循一定原则，包括标准化和规范化原则、美观和舒适原则、工艺及成本最优原则、有限自由选择原则，这是实现产品部件化的基础。

3.7.2.1 标准化和规范化原则

标准化原则指定制鞋类产品部件化拆分要遵循特定的规则和方法，这些规则和方法是行业通用或某一品牌内部规定的。比如，塑料鞋跟的结构可以分为鞋跟跟体+侧墙材料，也可以分为鞋跟跟体+侧墙材料+天皮构成+支撑铁钉。相较而言，后者包含更多制造方面的细节。因此，各部件需要根据用途和需求设定标准。其实，仅需提供鞋跟跟体+侧墙材料就能满足用户体验要求。

规范化原则重要针对产品命名。鞋服行业对于材料的命名没有统一规范，不同企业或同一企业的不同供应商均采用自己的命名和编号体系，这极大地限制了鞋履定制业务的融合发展。因此，需要对所采用的材料、部件的名称、型号、规格进行规范。统一标准和规范命名是实施部件化的先决条件之一。

3.7.2.2 美观和舒适原则

定制鞋类产品的美观性和舒适度是消费者对产品品质的最基本要求，也是设计制作产品时需遵从的基本原则之一。定制鞋通常能体现一个人的品位，一双制作精良的鞋，不仅应满足舒适合脚，还能够为穿着者的整体形象加分。

美观性是在定制过程中消费者可以直接感受到的。人们审美千差万别，定制过程中不同风格、不同类型的鞋款、面料、工艺和部件的选取和组合，与消费者本身的需求和品位直接相关。当然，设计师和工程师在设计和制作鞋款或部件模型时，就应选择符合流行趋势和大众审美的具有美观性的部件。具有独特设计风格的鞋类品牌可能会在一定程度上影响大众流行趋势，掀起新的时尚热潮。

舒适度包括两个方面：一是心理舒适，二是生理舒适。定制鞋类产品部件化要求的舒适度原则涉及生物力学、材料学、人机工学、医学等多种学科知识。一双穿着不适的鞋，不仅会影响穿着者的心情，还可能导致足部疾病，严重的还会影响足部骨骼形状，给人体带来巨大伤害。日常消费中，消费者可能会接受流水线生产的标准码鞋类产品，即时穿着舒适度不佳。但是，定制鞋类产品若舒适度不佳，则直接体现了产品品质低、品牌信誉差等问题。定制鞋类产品是针对消费者个人打造的满足其各项需求的鞋，包括精准测量脚型数据等服务，通常需要花费额外的服务费用。如果花费更高的费用却获得穿着体验差的鞋类产品，则会严重影响品牌信誉。因此，定制鞋类产品部件化应重视舒适原则。

3.7.2.3 工艺及成本最优的原则

同样的设计，不同的工艺所达到的效果是不同的。因此，需要保证工艺最优原则来实现成本控制和最优化。例如，由于定制产品的不确定，定制鞋的原材料大多采用皮胚染色的方法制备。不同用户可能会选择不同颜色的产品，采用皮胚染色工艺，只需要增加染色环节，从而有效避免皮料库存问题，实现成本最优化。再如，不同消费者会选择不同的部件组合，某些部件的结合较为复杂，如异型跟、异型结构等，出错率、成本较高，因此需要针对部件组合优化工艺过程，采用3D打印等作业方式制作异型结构，实现成本最优化。

3.7.2.4 有限自由选择的原则

对于个性化定制产品，企业往往通过排列组合的方法计算可选择的搭配组合，有些组合方式甚至有上万种。然而，在实际生产过程中，不可能选择所有组合，因此需要针对具体款式限定选项，保证项目可行性，即遵循有限自由选择的原则。

消费者参与定制的过程中，"自由"选择企业预设的主、次部件进行搭配组合。这种"自由"选择是有一定局限性的，一般在主部件确定的条件下，会预设默认的子部件进行组合；主部件和子部件的合成方法和合成边界是限定的；基准子部件的变化只能在预设的款式中选择切换；同一区域子部件只存在替换和被替换的关系；需要替换的子部件区域可直接由主部件可变化的区域替换。在上述技术的支持下，实现"自由"组合，供消费者在线参与鞋履定制。

3.7.3 定制鞋类产品部件化的定义、数据化、分类及数据库

3.7.3.1 定制鞋类产品部件化的定义

定制鞋类产品部件化，是指将通常情况下的鞋类组成部分分解为具有等级和次序的模块，通过组合不同等级和次序的模块最终形成产品。

（1）定制鞋类产品是由不同部件通过组装的方式结合成整体的。定制鞋类产品通常属于非标准化产品，但可将非标准化产品通过部件化细化为多个标准模组，自由组合这些标准模组，即得到半标准化产品。鞋履定制产品的可定制性主要基于可定制部件及可定制部件之间的组合。

（2）定制鞋类产品的部件具有等级和次序之分。在部件模型构建过程中，需要对部件进行分类，保证通过部件组合生产鞋类产品的完整性和制作的可行性。定制鞋类产品的部件主要分为基础部件、主部件、子部件等，基础部件又由多个子部件构成。因此，各部件还需要进行等级和次序编号。

（3）部件之间的组合需按照一定顺序。同一可替换部件区域必须替换同类部件。例如，鞋跟部位部件只能替换鞋跟，不能替换鞋头部位部件。部件的主要分类依据：与上一级部件的工艺组合方式相同，且裁片接口相同的属于同类部件。

3.7.3.2 定制鞋类产品部件结构数据化

（1）部件来源。

部件来源是对经典款进行拆分，并定义各个部件，最后组合成基准款的过程，如图3－58所示。首先，对经典款进行拆分，原则上要将可拆卸的裁片结构全部分离，定义各部件名称；其次，将单个部件结构按照适用鞋款风格或种类进行分类，并添加可供选择的工艺；最后，组合成可替换局部部件的基准款。基准款除合成最终效果图外，还匹配了BOM表和按照部件分类顺序所列名称及对应材料信息。

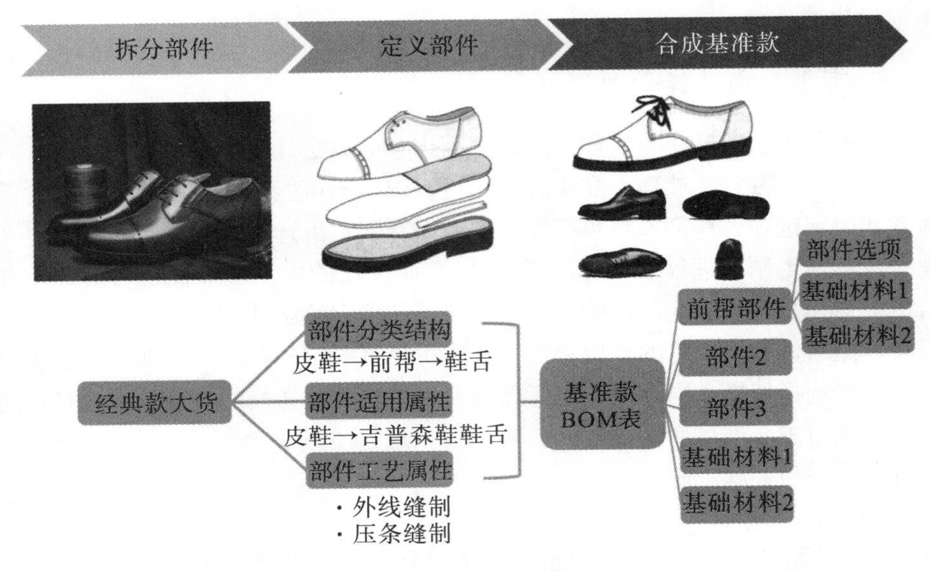

图3－58 部件来源

（2）部件结构化。

以经典款男鞋为例，实现男鞋部件结构化，首先要清楚可替换子部件的部位和对应名称，以及脚型基本数据，包括长、宽、围度等。部件元素包括鞋眼、鞋襻、鞋舌、前帮、鞋口、后挂绳、帮面、外底、内底、主跟、后跟。通常可以将这些部件元素分为四个主要部分：前帮和帮面为主部件不可替换部分，鞋眼（或鞋襻）和鞋舌为同一个子部件的组合，内底、外底、主跟、后跟为同一个子部件的组合，鞋口和后挂绳为固定不可变的主部件元素。部件结构化如图3－59所示。

图3－59 部件结构化

对于任意经典鞋款，都可以将其结构部件细化拆分，按照其所处位置和结构关系对子部件进行组合搭配，临近位置或不可更换的结构部件设定为同一类子部件，不可替换或消费者定制的无特别要求的部件设定为主部件的组成部分。

3.7.3.3 定制鞋类产品部件的分类

定制鞋类产品部件的分类如图 3－60 所示。

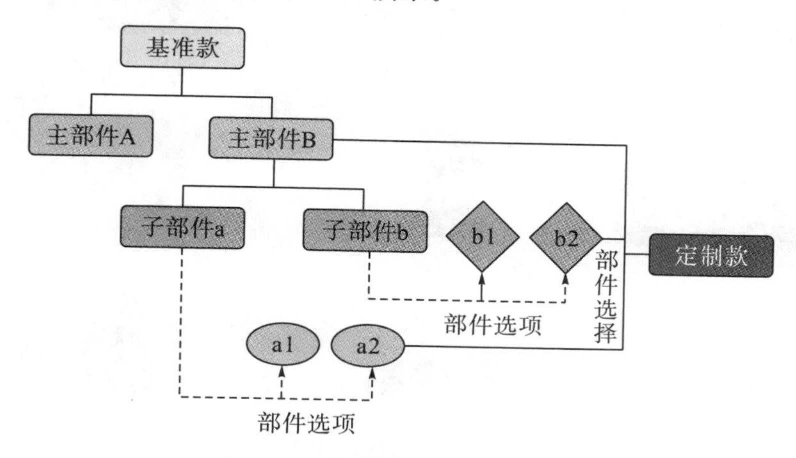

图 3－60 定制鞋类产品部件的分类

（1）基准款。

基准款是主部件与对应子部件的组合，能有效减小组合的复杂性，为其他组合提供模板和标准。基准款体现了主部件及默认子部件的完整工程信息，包括纸样、工艺和 BOM 表。基准款的工程信息分为不变部分和可变部分，不变部分包括主部件与子部件的合成方法和边界，可变部分是默认子部件的工程信息。如果需要替换子部件，只需根据子部件的工程信息替换基准中主部件工程信息的可变部分。

（2）主部件。

主部件是基础部件的重要组成部分。如牛津鞋全部是主部件，各主部件由多个子部件构成。主部件加工工艺中包含子部件结合的工艺方法，这是为了在替换子部件时，保证裁片或结构之间的结合；主部件的裁片包含子部件接口部分匹配的裁片，因为数字化处理前，主部件和子部件都源于基准款，顾客选定主部件时，其可替换的子部件不能空缺，默认的基准款子部件会自动匹配，以保证产品完整性。

（3）子部件。

子部件的组合可构建除主部件外的具体半成品部件，如鞋底、鞋跟、帮面等。加工子部件的非接口裁片时，需要考虑使用 BOM 表，以确保替换后的裁片材料一致和结构合理。若加工独立于主部件裁片，也需要考虑使用 BOM 表或组合裁片工艺。

（4）分类方法。

部件的分类主要从鞋款结构和材料的角度进行，如图 3－61 所示。

首先，基准款的分类结构是在确定鞋款性别属性的前提下，对鞋子品类进行细化分类，如靴（长、中、短筒）、拖鞋、凉鞋、牛津鞋、乐福鞋、单鞋、运动鞋、休闲鞋等，不同品类的鞋在材料和结构上有特定的款式特征。其次，将对应品类鞋款按结构分类，如鞋头、帮面（前、后帮）、鞋跟、鞋底、鞋襻等。最后，按材料进行分类，确定基准款包含所有材料的属性，通常考虑颜色、弹性、厚薄等。常见鞋类产品的分类及形状特征见表3－7。

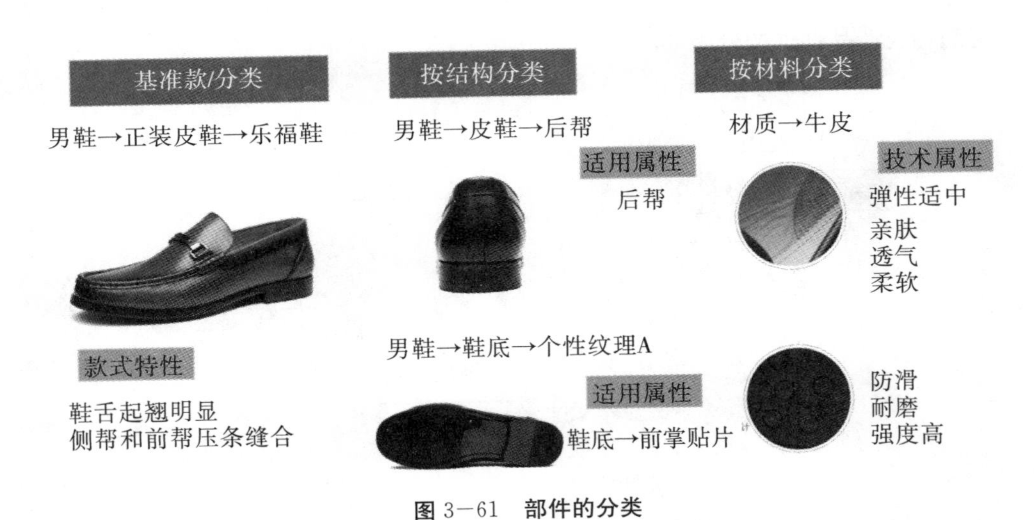

图3－61 部件的分类

表3－7 常见鞋类产品分类及形状特征

鞋类产品名称	图示	形状特征	鞋类产品名称	图示	形状特征
靴		靴按筒分类，有踝靴、中筒靴、高筒靴、过膝靴	拖鞋		无后帮，后跟上部位全空，通常只有鞋头，多数为平底
凉鞋		鞋尖空，穿着时脚趾外露，鞋后跟上部有扣、襻或系带作鞋尾	皮鞋		平底，鞋底厚且有一定弧形，鞋跟较方。低帮脚背被覆盖
穆勒鞋		后空，通常有较短的鞋跟，类似拖鞋，前帮部分包裹脚趾	单鞋		较轻薄，与脚型贴近，低帮，通常鞋头仅包裹脚趾
运动鞋		鞋型较圆润，鞋底贴合足弓形成凸起的弧度，鞋头较厚，鞋舌形状明显	休闲鞋		鞋底平滑，鞋面弧度较平整

值得一提的是，在男士鞋履定制中，我们通常会考虑图3－62中的四种男士正装皮鞋。牛津鞋是最常见的皮鞋，其帮面材质较硬，结构简单，有系带。鞋底为牛津底的皮鞋则一定是牛津鞋。与牛津鞋最相似的是德比鞋，德比鞋的材质较软，鞋帮块面划分相

对较多。孟克鞋的前帮部位有单独裁片作为扣件部件，扣件个数通常为 1～4 个。乐福鞋的鞋口位置最低，有较大的鞋舌结构，通常会配有扣件、皮质流苏或带品牌 Logo 的配饰，整体材质较软。常用鞋款各部件的属性见表 3－8。

图 3－62 四种常见男士正装皮鞋

表 3－8 常用的鞋款各部件属性

属性	备注	内容
品类	—	靴、拖鞋、凉鞋、牛津鞋（皮鞋）、乐福鞋、单鞋、运动鞋、休闲鞋、穆勒鞋（新）
风格	—	商务正式、商务休闲、运动休闲、时尚休闲、奢华闪耀、时尚潮流
色彩	主色	花色、黑色、白色、米白色、红色、酒红色、粉红色、杏色、黄色、黄棕色、焦糖色、褐色、卡其色、豆沙色、绿色、蓝色、藏蓝色、紫色、金色、银色
	配色	黑色、白色、米白色、红色、酒红色、粉红色、杏色、黄色、黄棕色、焦糖色、褐色、卡其色、豆沙色、绿色、蓝色、藏蓝色、紫色、金色、银色
跟高	0～3 cm	平跟
	3～5 cm	中跟
	5 cm 以上	高跟
	外观不可见	内增高
跟形	跟形（时装鞋类）	细跟、粗跟、厚跟、坡跟、无跟（含豆豆鞋）
	底形（运动休闲鞋类）	平底、楔形底、凹型底
鞋头	—	方头、圆头、尖头

续表3-8

属性	备注	内容
后帮	靴子筒型	长筒、短筒
	拖鞋、凉鞋	全空、带襻
	其他（是否高于脚踝）	低帮、高帮
材料	主材料	牛皮、羊皮、猪皮、漆皮、绒面革、人造革、皮草、超纤、丝绒、缎面、针织、飞织、混纺、网面、塑料、EVA
	配材料	牛皮、羊皮、猪皮、漆皮、绒面革、人造革、皮草、超纤、丝绒、缎面、针织、飞织、混纺、网面、塑料、EVA

完成部件分类后，从材料的角度出发，考虑材料的功能属性，适宜于其他部件结构的都可作为可替换选项，实现材料重组。例如，选择里料时，需要考虑面料的透气性、弹性等，不能将里料用于帮面，因为帮面材料通常会选择强度较高的皮料。从结构的角度出发，一方面，同品类的同类部件可直接进行替换重组；另一方面，相似品类的同类部件的裁片、部件等，通过一定的加工方法实现重组。

因此，在分析材料的适用性时，通常考虑材料本身属性是否适用于该部件所在位置及对应功能；在分析结构的适用性时，通常考虑结构组合和加工方式的合理性。

3.7.3.4 定制鞋类产品部件的数据库

定制鞋类产品部件的数据库主要分为脚型数据库、个性定制数据库和深度定制数据库，如图 3－63 所示。

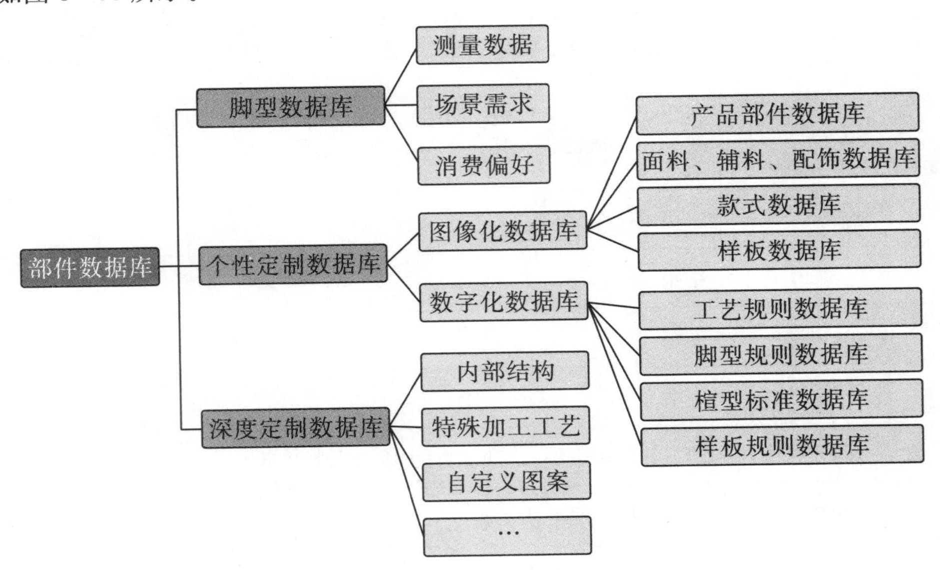

图 3－63　定制鞋类产品部件的数据库

脚型数据库通过人工测量或 3D 扫描直接获得，可记录消费者的喜好和不同场景的穿着需求。另外，大数据云平台存储了消费者的历史消费记录，可以根据这些数据分析其消费行为，并针对其消费偏好进行推荐。

个性定制数据库包括图像化数据库和数字化数据库。图像化数据库包括产品部件数据库，面料、辅料、配饰数据库，款式数据库和样板数据库。数字化数据库包括工艺规则数据库、脚型规则数据库、楦型标准数据库和样板规则数据库。数字化设计的基础是建立数字化定制数据库，将款式、脚型、部件、楦型、工艺等信息进行数字化处理，构建一定的分类整理规则。

深度定制数据库是由深度定制的定义衍生而来的。深度定制又称深度个性化定制或功能定制，是消费者向企业提出的特殊产品定制，是企业弹性生产的能力体现，通常由消费者单独提出。与个性化定制不同，深度定制通常不受指定部位或元素改变的约束，是否建立深度定制数据库可由企业自行选择，因此，深度定制数据库可作为备用数据库。鞋履定制中的深度定制主要体现在除包括产品材料、部件款式、组合工艺的创新设计和定制外，还包括内部结构、特殊加工工艺、自定义图案等的设计和定制。例如，针对特殊脚型，对鞋垫进行厚薄分区的定制，增加局部刺绣、钉珠、擦色等加工工艺，添加自定义图案，调整印花位置等。

3.7.4 定制鞋类产品部件之间的结构和关系

3.7.4.1 总体关系

在定制过程中，最终视图是所有部件组合后的完整鞋款效果图，是多个产品部件的集合。在确定产品需求的前提下，遵从基本原则，完成部件模型和部件关系模型的搭建，扩充结构化的部件数据库后，基于部件标准化搭建完整的定制产品结构，包括产品族、主部件族、子部件族、BOM表、物料、装配、工艺文档以及脚型数据等变量，如图3—64所示。

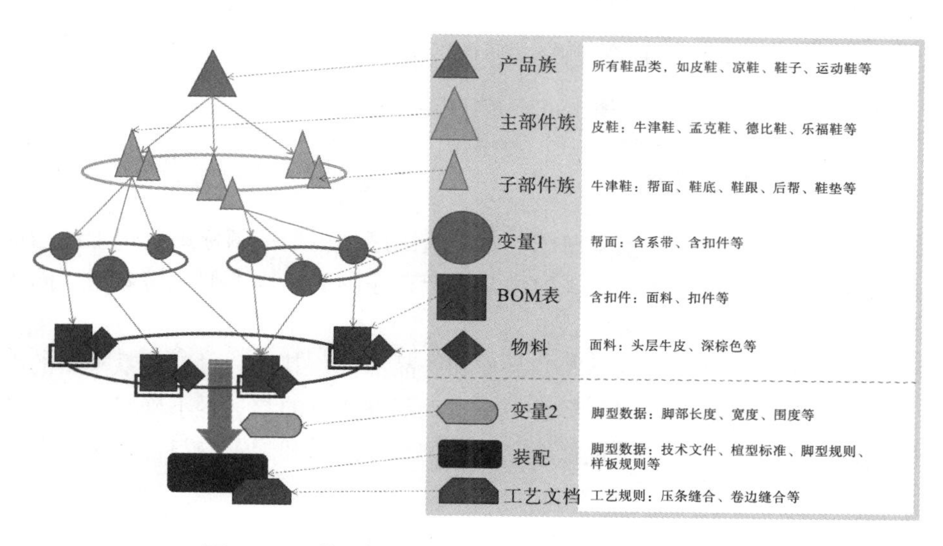

图3—64　基于部件标准化搭建完整的定制产品结构

3.7.4.2 产品结构的关系解析原则

在搭建完整的定制产品结构时，产品族、主部件族、子部件族在建立基准款时就已经确定。定制鞋类产品时，首先，确定品类，即从产品族中选择定制鞋类型；其次，从主部件族选择同品类鞋的风格或款式特征；最后，从子部件族进行选择，确定鞋品类、风格和款式特征后，针对具体部件进行替换。子部件族与数字化处理是一一对应的，实现替换后的子部件存在不同类型，因此会产生变量，记为“变量 1”，这是实现“自由”替换的关键。在确定子部件后，可以确定对应的 BOM 表以及物料。

在实际定制过程中，还需要提供脚型数据，这是后期自动生成裁片的关键，但脚型数据的更改不会影响定制视图的变化。因此，脚型数据在总体结构中是一个补充变量，记为“变量 2”，包括脚部长度、宽度和围度等。根据脚型数据，可按照规则标准和技术文件实现装配。装配指各部件材料的组合和选取，有外观和品质上的差异。工艺文档通常是以文字备注的形式补充在各部件的制作或材料的选择中的信息，包括加工方式、缝合要求等。

3.7.4.3 部件的关系模型

部件的关系模型通常设有不同级别：一级是品类，如经典款皮鞋；二级是部件类型，如鞋帮部件等；三级是不同部件类型匹配的部件，如帮面、帮里、装饰件等；四级是部件实例，如帮面 1——棕色牛皮侧帮等。如图 3－65 所示。

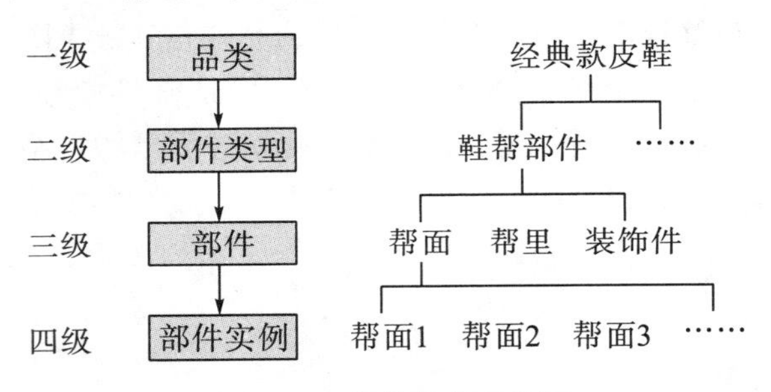

图 3－65　部件的关系模型

3.7.4.4 材料的关系模型

流水线生产时，通常会用到工序图，每一道工序都由统一图标来呈现工序结构。本书所讲的鞋履定制部件和材料的关系模型与生产工序图的结构类似，需要用不同的图案标记代表不同的对象、因素和条件。

首先，材料关系模型的对象是产品品类和产品部件。其次，材料关系模型的因素为部件变量，通常在产品品类和产品部件中体现，部件变量的数量是不确定的，会根据实际属性特征进行判断。最后，设置条件，包括物料组记录和配置物料，在实际应用中会呈现具体的物料名称，如图 3－66 所示。

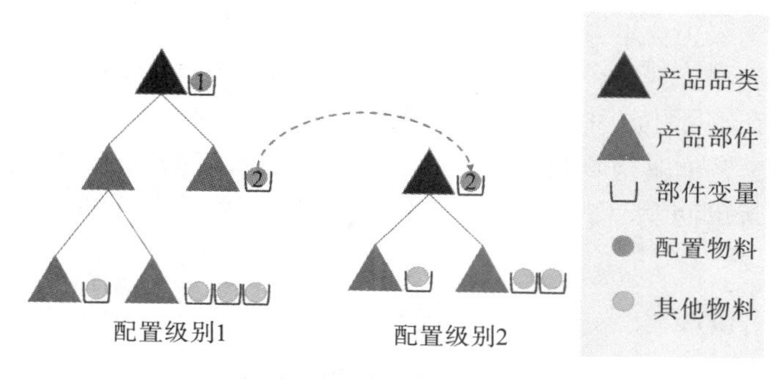

图 3-66　材料的关系模型

定制过程中，通常要向消费者提供不同级别的配置标准进行选择。实际上，向消费者展示说明时，会直接给出不同级别配置标准的对应价格和成型鞋款的质量参数。确定产品品类后，选定对应产品部件，实际生产时，部件变量、物料组记录和配置物料会根据不同级别的配置标准略有调整，这是可以通过自动化实现的。

将建立好的材料关系模型用于生产 BOM 表的自动配料，需按照对象、因素和条件的类别进行组合。值得注意的是，一项配置级别只有一个产品品类，而一个产品品类具有多个产品部件，也可分为不同的部件类型。产品部件还可以细分，如鞋舌部位，包括面料和装饰部件。部件变量可以是一个或多个，取决于其可替换的物料或物料组，如不同颜色、不同质感或不同品质的物料。

配置物料时，通常直接将属性设置在对应的物料组，包括颜色、肌理、质感、图案等外观因素，以及厚度、弹性、强度、张力、透气性等品质因素。不同部件对这些性能有特定要求，根据部件所处部位和功能来决定。确定好物料组后，就能实现主部件和子部件的自动匹配，达到生成 BOM 表、自动配料的要求。

物料装配是对制作产品部件条件的补充说明，构建从设计 BOM 表生成生产 BOM 表，前提是了解两者之间的差异和关系。针对设计师的部件化设计是从设计需求出发，先按照基本 BOM 表进行选配，在新部件研发完成后实现交付的过程。针对消费者的部件化定制是从客户需求出发，直接输出生产 BOM 表的过程。两者是从设定条件到实际应用的过程，如图 3-67 所示。

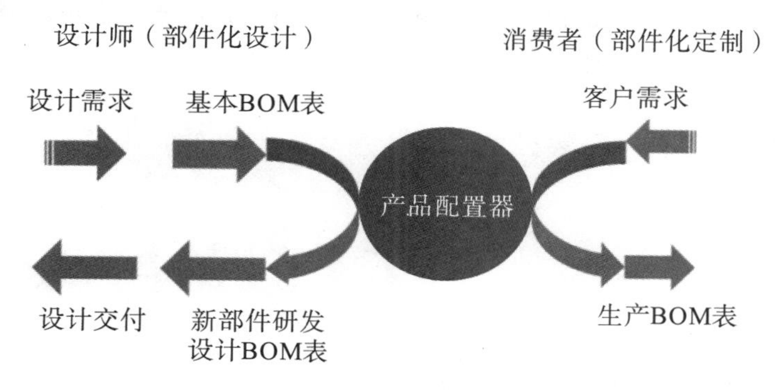

图 3-67　物料装配

从设计 BOM 表生成生产 BOM 表，存在细化物料和补充效果图没有呈现的物料的过程。如图 3－68 所示，同一双牛津鞋，在设计 BOM 表中，通常先拆分外观组成部件，其中鞋跟的外观物料包括添皮、内跟和装饰沿条。细分到这一阶段就可以呈现完整的设计效果图。在实际生产中，工厂会针对鞋的内部结构、物料，效果图没有呈现的结构、物料，细节工艺的其他物料以及包装物料，列出对应的生产 BOM 表。例如，后帮裁片包括帮面和帮里两类材料，鞋子内部要考虑鞋垫材料、缝纫线种类、成品包装材料等。

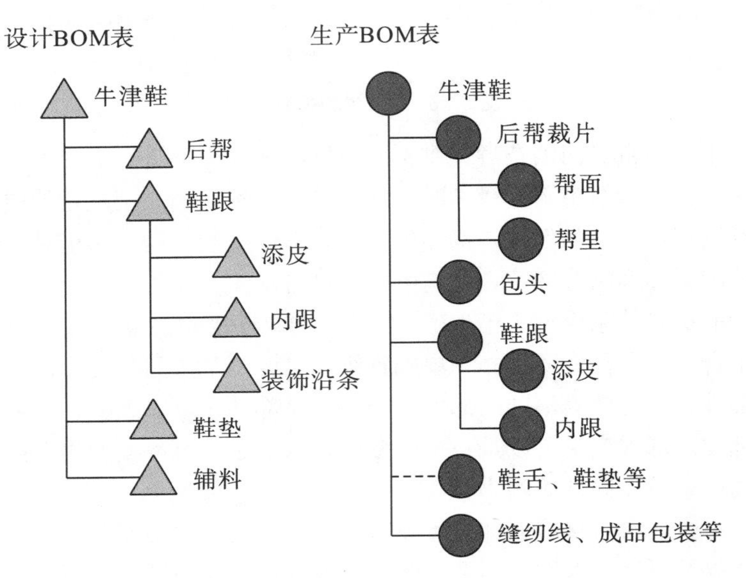

图 3－68　**牛津鞋的设计** BOM **表和生产** BOM **表**

3.7.4.5　功能部件的匹配关系

以鞋垫部件定制为例，首先，确定鞋垫类型，从鞋款匹配或功能选择的角度来确定；其次，厘清鞋垫结构及功能的关系，构建部件材料关系模型；最后，搭建材料关系模型。以典型鞋垫结构为基础，从需求和功能的角度对各部件进行拆分。

鞋垫定制的人群主要分为三类：一是追求舒适度的人群；二是追求健康的人群，尤其是足部患有疾病、畸形、患有影响运动神经疾病的患者，或追求足部减压的人群等；三是追求功能性的人群，如运动员、户外运动者、军人等。针对上述三类人群，鞋垫的分类及用途如图 3－69 所示。

类别	用途
护理	用于预防、治疗足部问题，如拇外翻、糖尿病足等
矫形	用于治疗、矫正足部畸形，如脑瘫儿童、扁平足等
防护	用于预防足部损伤，如防止翻转、防止扭伤等
运动	用于预防运动损伤，提升运动效能和运动成绩
正装商务	用于商务场景
高跟鞋	用于高跟鞋

图 3-69　鞋垫的分类及用途

具有特殊功能的鞋垫主要是防护鞋垫、矫形鞋垫和护理鞋垫。从需求角度出发，匹配功能性结构和材料，防护鞋垫、矫形鞋垫、护理鞋垫的分类分别如图 3-70、图 3-71、图 3-72 所示。

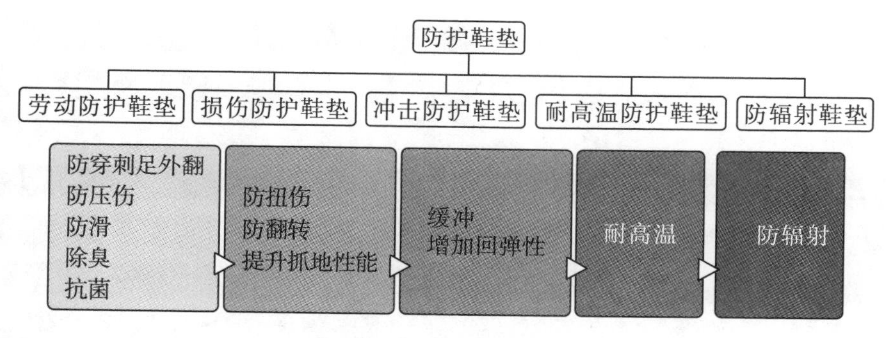

图 3-70　防护鞋垫的分类

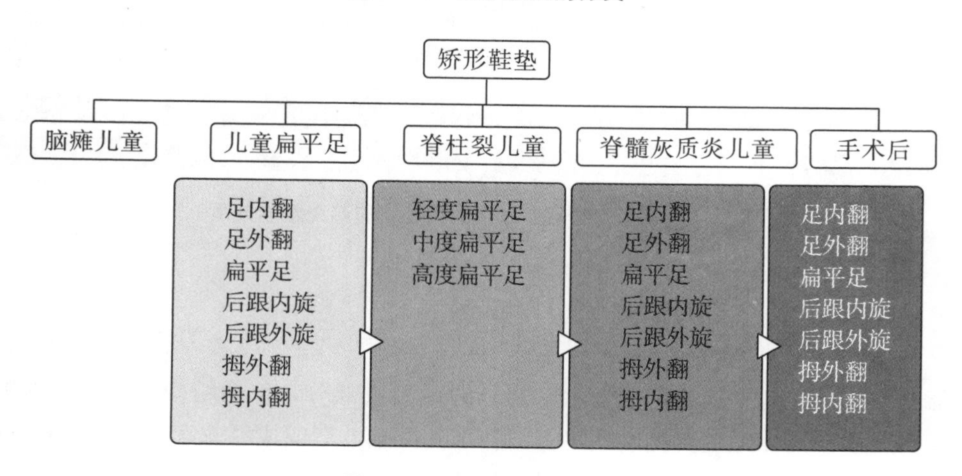

图 3-71　矫形鞋垫的分类

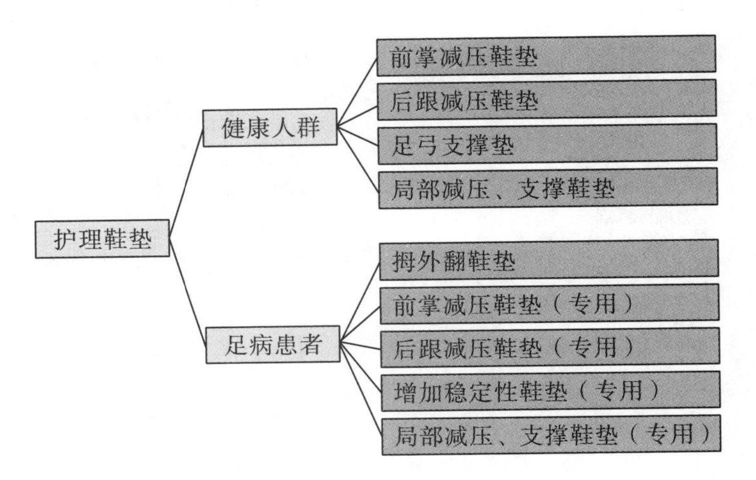

图 3－72　护理鞋垫的分类

市场上的大多数鞋垫是基于普通参数和舒适度进行定制的。如图 3－73 所示，是基于产品部件化逻辑建立的鞋垫整体关系。

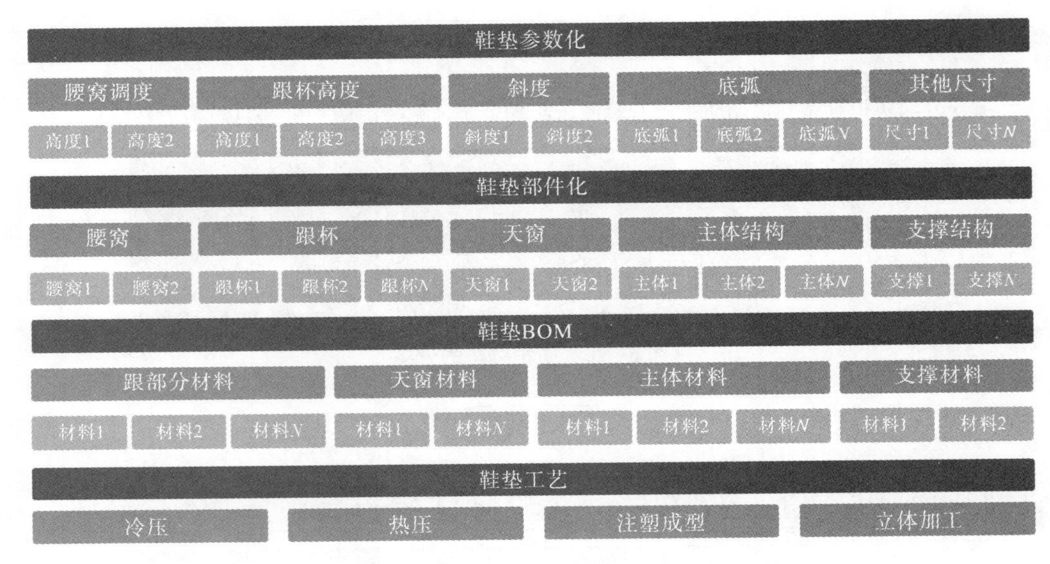

图 3－73　基于产品部件化逻辑建立的鞋垫整体关系

3.7.5　定制鞋类产品部件化的应用案例

标准化产品结构能够清晰地展示定制鞋的各组成部分，包括结构、工艺、材料等。在实际生产中，设计师主要提供最终视图和部件调整方案或成品方案，数据工程师按照要求通过调整标准化产品结构数据来保证产品结构的完整性和合理性，客户通常直接在标准化产品结构最终视图中选择需要调整的产品变量和部件变量，不同部件的材料、装配及工艺是事先设置好的，各部件只能在可调整不同级别配置标准的条件下进行替换和更改。

因此，标准化产品结构是基于部件、数字化条件和规则实现的，当可实现部件自动拆分和重组时，对应变量和附加条件也按规则自动生成。

对于不同的消费者和使用场景，定制的需求是截然不同的，通常将定制场景分为八类：改款定制、个性定制、场合定制、深度定制、功能定制、专业定制、定制推荐、分享定制。

（1）改款定制。

案例1 夏天快到了，一名男士在电脑界面选好已有的皮鞋款式，想要将颜色定制为当年流行的色彩——墨绿色，并选用具有暗纹和渐变层次的皮料。设定好脚型数据后，他就能在线查看效果，确认价格，提交订单。

改款定制是鞋履定制中最常见的情形之一，其对基准款鞋要求不高，通常为大货经典款。案例1中，需要设定的子部件族只有帮面这一可供二次设计的变量，且只调整帮面材料。从产品部件结构来看，主要对配置BOM表的设置起作用，选择有暗纹和渐变层次的皮料，确定皮料的颜色。最后设置脚型数据，完成鞋履定制。

（2）个性定制。

案例2 一位母亲为孩子定制童鞋，在定制面板上设定鞋子款式、颜色、型号以及花边样式，完成定制，确认下单。

个性定制比改款定制涉及的变量更多，需对主部件和子部件都进行重组。子部件的变量包括鞋底、帮面、鞋垫等。案例2中，在确定鞋款之后，对自定义图案或可供挑选的花边材料进行补充设计，工程师需要设置相应变量并合成视图。最后根据脚型数据确定鞋款、型号，自动生成裁片，最终完成鞋履定制。

（3）场合定制。

案例3 婚礼使用的正装皮鞋，需要按照特定的款式、面料、尺寸进行定制，有的需要在烫底设计签名。除鞋子外，还可能搭配袜子、领结、口袋巾等其他配饰。

场合定制时，产品族中的品类是固定不变的。案例3主要针对正装皮鞋，主部件族主要有牛津鞋、孟克鞋等。子部件族的变量有面料、符合婚礼场景的颜色（黑色、棕色等）。另外，可根据鞋款推荐配饰。最后根据脚型数据完成鞋履定制。

（4）深度定制。

案例4 有一位顾客，除定制款式外，还对材料有要求，如面料需按特殊要求进行印染或色织等。

深度定制是基于个性化定制的进一步服务。除满足个性化定制的部件结构外，还有配置级别的选择。案例4中，面料及加工工艺都可以深度定制。在允许的条件下，如果可以满足顾客的其他要求，则可通过顾客口述、导购备注的形式添加到订单中。

（5）功能定制。

案例5 一位足部有病变的老人需要定制一双鞋，以减少行走时因足部畸形导致的疼痛感，并要在一定程度上矫正脚型。

功能定制基于人机工学、生物力学、医学保健等交叉学科领域的研究成果，对消费者特殊脚型以及特殊足部情况进行深入分析，涉及复杂的理论知识，需要研究机构进行充分实验，还要与消费者进行多次面对面的沟通，修改定制方案。功能定制周期较长，人工费用较高，鞋类部件的调整比例较大。

（6）专业定制。

案例 6　一名设计师通过专业定制体系，在已有样板的基础上，通过打样调整局部子部件或面料，快速确认设计方案，节省了大量时间。

专业定制是基于设计师的专业经验，直接在打样环节进行定制的过程。专业定制产品的所有部件都是固定的，没有变量。它是直接通过脚型数据调整局部子部件的裁片样板，选择面料，最终完成鞋履定制。

（7）定制推荐。

案例 7　一位顾客进店，店员使用平板电脑或其他投屏设备让其挑选门店内陈列的款式，并向其推荐满足其偏好的产品。

定制推荐是线下定制门店中最常见的场景。主要由店员对门店已有陈列款式进行挑选，其所有部件都是固定不变的，只需备注顾客的脚型数据就可完成定制。如果采用平板电脑展示或投屏的形式推荐定制产品，可能需要产品部件化技术，这取决于定制门店的定制范围和程度。

（8）分享定制。

案例 8　一位顾客比较了几个品牌定制产品的效果展示和价格，并分享给朋友和家人征求意见。综合考虑之后，这位顾客选择了其中一种。产品到货后，他开始试穿、拍照，并把穿着感受和照片与朋友和家人分享。

分享定制更注重比较和分享。分享定制主要重视可定制的鞋款和价格，对产品部件化的要求不高。分享定制时，可直接通过产品视图、详情介绍和比较企业产品口碑确认鞋款，提供脚型数据后就可完成鞋履定制。

针对不同的定制场景，应当有不同的定制方式，这是企业在构建定制模式前需要明确的。以上定制场景中，（1）～（3）适用的定制方式为由品牌工厂直接受理订单，即日生产，由工厂直接发货到收货地址。（4）和（5）适用的定制方式为先将相应需求传至供应链上游，如面料商、配件制造商、功能研究平台等，再完成深度定制、专业定制。（6）和（7）存在不确定性，需要结合不同企业内部运营模式来制定方案。

综上可知，对于不同企业以及不同消费者的不同需求，定制的深度和产品设计是不同的。因此，要在前期确定企业可供定制的条件，构建产品部件化定制平台时，明确流程及产品结构模型，以完善并实现个性化定制。

3.8　制造端关键技术

实现鞋履定制的最终环节是制造。传统制造以批量化生产为主要模式，具有规模大、品类少的特点，对于生产者来说，成本低、操作简单，而对消费者来说，选择少、个性化程度低，无法直接适用于定制产品的制造。因此，鞋履定制选择大规模定制生产模式。大规模定制生产模式可以定义为一种将大批量生产和定制生产有机结合的生产模式，其目标是在缩短产品交货期和提升个性化服务的同时，通过规模效益来降低企业生产成本，使消费者和生产商的利益实现最大化。鞋履定制生产模式的发展如图 3－74 所示。

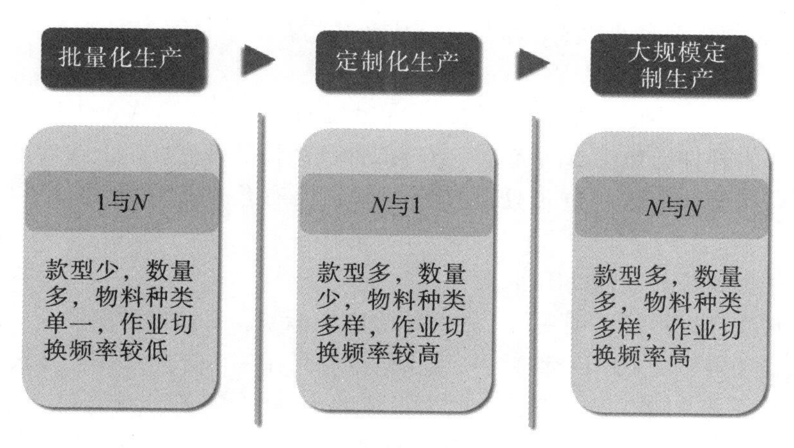

图 3－74　鞋履定制模式的发展

关于大规模定制生产模式的研究较多，其核心思想体现在宏观层面和应用层面。宏观层面表现为多样化的客户需求、企业对市场外部环境的适应程度、完善的产品价值链、先进的产品制造技术、产品的可定制性和组织内的知识管理等。应用层面的主要特征为：①有效地扩大优化部件和产品的范围，识别和利用部件及产品中的相似性，增强部件及产品的可重用性；②多种产品共享准备时间和产品工艺路线，缩短生产的调整次数和时间，获取与大批量生产类似的不间断性效果；③以部件和设计的模块化、部件的标准化和通用化作为基础，以部件的定制化作为补充；④先进信息技术和柔性制造系统的应用；⑤在供应链内部整合企业资源，实现优势互补。

实现大规模定制生产模式，需要三个必要条件：实现产品单件流化、实现生产过程信息可视化、实现柔性制造。首先，实现产品单件流化，不同的定制鞋类产品只有成为一个具体的生产包裹，其中具备生产制造的所有细节和资料，才能够在制造线上运行不同的订单。其次，实现生产过程信息可视化，将物理生产包裹进行数字化处理，通过可读设备实时显示不同的生产工艺，同步反馈工序信息，实现流水线的过程控制，以提高生产效率。最后，实现柔性制造，通过优化流水线配置、工艺流程，应用自动化设备，提升柔性制造的能效。

3.8.1　生产包裹的准备

3.8.1.1　生产包裹的定义

生产包裹包含具体单件产品的所有技术资料和物料信息，主要有订单信息、BOM 表、生产物料、电子标签和技术规格书等。

（1）订单信息。

订单信息指该单件产品的顾客信息、尺寸、规格、偏好、款式、型号、交付日期和交付地址。通过订单信息能够了解下单用户、产品类型、产品制造方式、交付时间和地址。

（2）BOM 表。

BOM 表是围绕确定的款式、型号，完成产品物料清单报表。

（3）生产物料。

基于 BOM 表，组批产品的生产物料，包括鞋楦、鞋跟、鞋底、中底、裁断完成的面料部件、里料部件、包头、港宝等。这些部件已经预处理完成，上线后可以立即针车或组装，如鞋跟侧墙，已通过预处理贴有材料。没有预制完成的部件不纳入生产物料中。

（4）电子标签等其他辅助附件。

为了实现生产过程信息可视化，需要添加电子标签。目前最常用的是条码标签（一维条码和二维条码）和 RFID 标签。一维条码标签只在一个方向（一般是水平方向）表达信息，而在垂直方向不表达信息，数据容量约为 30 个字符，只能包含字母和数字；二维条码标签在水平和垂直方向的二维空间存储信息，可以表示数据文件（包括汉字文件）、图像等。二维条码是实现大容量、高可靠性信息存储、携带并自动识读的最理想方法。RFID 标签的工作原理是利用射频信号，通过空间耦合（电感或电磁耦合）实现无接触信息传输，并通过读写有关数据达到识别目标的目的。

3.8.1.2 生产包裹体系

生产包裹体系的层次如图 3－75 所示。从生产包裹的构成来看，生产包裹就是将不同部件的成品进行汇总，形成能够独立生产制作的包裹。生产包裹体系中较为核心的子体系有订单向生产 BOM 表转化、BOM 表的配置和调整、BOM 表中的物料配置。

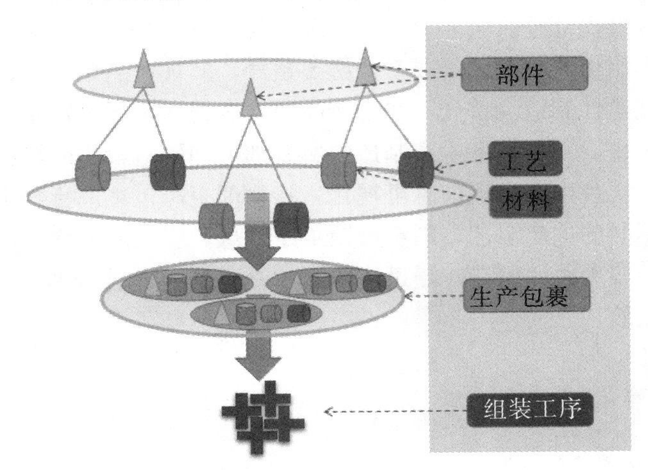

图 3－75 生产包裹体系的层次

（1）订单向生产 BOM 表转化。

鞋履定制产品大多处于设计阶段，追求零库存，没有形成生产体系。因此，当订单下达后，需要迅速地形成生产 BOM 表，以完成生产包裹的制作。而设计 BOM 表和生产 BOM 表存在一定差异。以图 3－76 为例，对于同一双女鞋，在设计 BOM 表中，通常先拆分女鞋的外观组成部件，其中，鞋跟的外观物料包括鞋跟面皮、胶跟和装饰沿条，细分到这一级就已经可以呈现完整的设计效果图。而在实际生产时，需要针对鞋子内部结构、物料，效果图不用呈现的结构、物料，细节工艺使用的其他物料以及包装物料，列出生产 BOM 表。例如，后帮裁片包括帮面和鞋里，细节工艺涉及缝纫线种类、成品包装材料等。

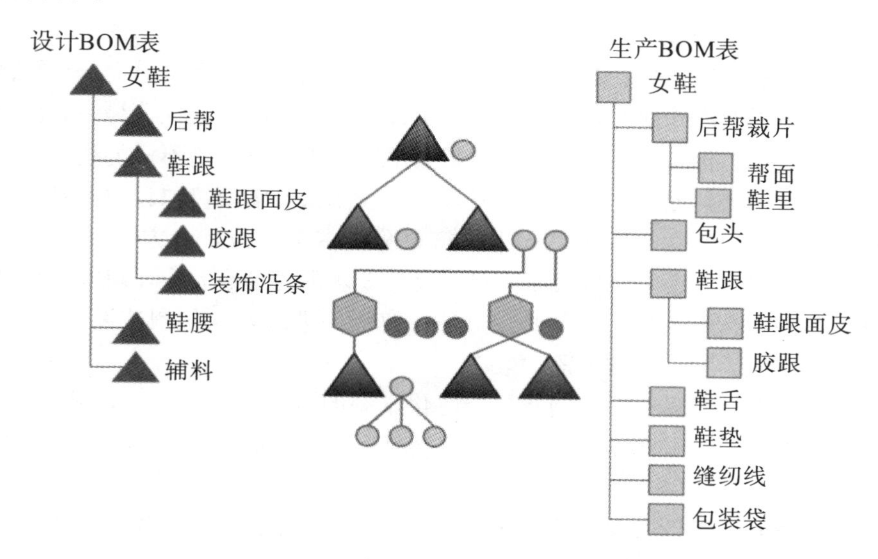

图 3－76　女鞋订单向生产 BOM 表转化

（2）BOM 表的配置和调整。

根据用户订单的价格和品质，BOM 表需要生成不同级别的配置标准。在实际生产时，部件变量、物料组记录和配置物料会根据不同级别标准略有调整，这些差异决定了最终生产包裹的品质。

不同级别配置标注中的特定工艺和部件会产生不同的组合。由于生产包裹对不同级别配置有相应的品质标准，因此生产 BOM 表通常是固定组合。例如，某生产 BOM 表组合 A 中，面皮皮料为鳄鱼皮，内里皮料为牛皮，缝线为特级线；某生产 BOM 表组合 B 中，面皮皮料为鳄鱼压纹牛皮，内里皮料为猪皮，缝线为特级线；某生产 BOM 表组合 C 中，面皮皮料为光面牛皮，内里皮料为 PU 皮，缝线为普通线。这些组合中的面皮、内里、缝线都有一一对应关系，而不是随机组合。

（3）BOM 表中的物料配置。

基于材料关系模型构建标准 BOM 表。配置物料时，通常直接将其属性设置在物料组中，包括颜色、肌理、质感、图案等外观因素和厚度、弹性、强度、张力、透气性等品质因素。不同部件对这些性能有特定要求，根据鞋子部件位置和功能来决定。

3.8.2 柔性制造体系的建设

影响柔性制造的因素主要有四个：标准化部件和个性化部件、先进信息系统、装备和人才以及产业链资源。

(1) 标准化部件是提高柔性制造效率的基础，而个性化部件又会影响整体制造效率。因此，要平衡标准化部件和个性化部件的范围、应用，尽可能实现模组化和装配化。标准化部件和个性化部件都必须遵循统一的标准和方法进行生产。

(2) 重视先进信息系统的全面覆盖。从订单生成到形成生产 BOM 表的过程中，对订单信息进行分析、分解，然后形成生产包裹。

(3) 具备先进的制造设备和熟练的技术人员是实现柔性制造的前提。在柔性制造流程中，技术人员需要操作多台设备，一方面可以保证订单的一致性，另一方面可以提高单件流的制造效率。传统制造模式的订单根据不同的工序分配给不同的技术人员，这有助于提高单位效率。然而，在柔性制造模式中，技术人员需要读取订单的具体信息，了解产品的特殊要求，并独立完成。如果将订单分到多个工位，一方面需要配置更多设备，增加成本；另一方面，不同技术人员对特殊要求的理解有差异，可能会使产品不一致。因此，熟练的技术人员十分重要。另外，使用先进的自动化制造设备，如前帮机、中后帮机，可以大大提升底部工段的效率。

(4) 整合产业链资源。柔性制造是个性化定制的重要生产模式，涉及整个产业链。因此，需要整合产业链资源，为传统模式的转型升级以及向零库存模式的发展提供重要参考。

从宏观到微观，柔性制造体系的建设可以分为三个阶段：柔性制造体系的构建、部件化体系的实施、柔性生产计划的制定。

3.8.2.1 柔性制造体系的构建

一双定制鞋的构成可以概括性地分为通用部件和个性化部件。通用部件指标准化部件，如中底、大底、鞋楦（部分结构，如底样和底弧等）、鞋跟等；定制部件指非标准化部件，如材料、鞋楦（头型和局部围度）、非标准鞋跟。根据《“推式”和“拉式”生产方式下的物流控制模型》的方法，通用部件采用“PUSH”式生产模式，定制部件采用“PULL”式生产模式。因此，“PUSH+PULL”式生产模式构成了柔性制造体系的基本结构，如图 3-77 所示。

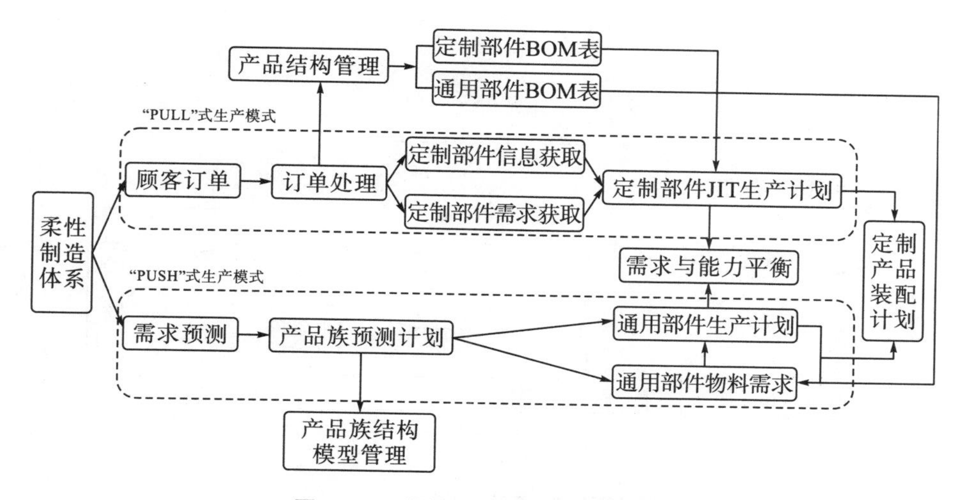

图 3－77　柔性制造体系的基本结构

由图 3－77 可知，"PUSH" 式生产模式是基于通用部件，结合订单信息进行预测，得到近一个阶段的通用部件需求，制定通用部件生产计划和物料需求。"PULL" 式生产模式需要对订单进行分析和分解，并对订单中出现的通用部件和定制部件进行区分，从而制定定制部件 JIT 生产计划。在 "PUSH" 式生产模式和 "PULL" 式生产模式之间，需要设置配置需求与能力平衡环节，以检验生产计划的可行性。

3.8.2.2　部件化体系的实施

在 "PUSH" 式生产模式和 "PULL" 式生产模式中，产品族和部件族是比较关键的环节。建立部件化体系的目的是利用成熟的通用模块和满足个性化定制要求的特殊模块，在短周期、低成本的条件下，提供不同需求的系列产品。

3.8.2.3　柔性生产计划的制订

制订柔性生产计划的本质是对产品族及变量进行配置，分为通用部件的配置和定制部件的配置，如图 3－78 所示。针对通用部件，要判断其约束条件是否满足订单要求，如不满足，则要外购或改动，需要分配流程；针对定制部件，要先判断产品的优先级，再判断约束条件。配置通用部件和定制部件之后，最终完成柔性生产计划的制订，并生成生产计划指令单和相关表单文件。

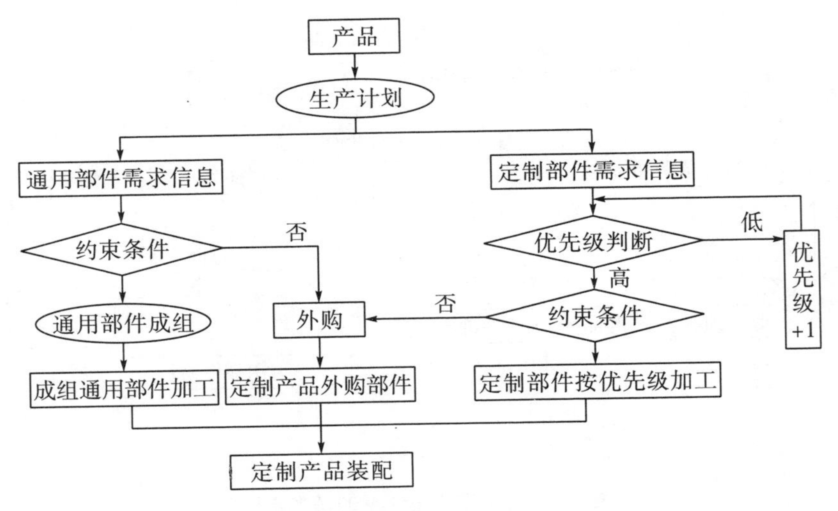

图 3—78 柔性生产计划的制订

3.8.3 生产过程信息可视化

可视化又称为视觉化，是指采用各种方式将抽象的事务、过程转变为视觉可见的对象的过程。随着信息技术的发展，可视化技术包含更广泛的内容，并提炼出信息可视化概念。信息可视化是将大型信息库或数据库中的信息在屏幕端进行图形化表达，并实现交互处理的理论、方法和技术。

实现生产过程信息可视化主要分为三个步骤：信息预处理、可视化模型设计、绘图显示和交互。信息预处理主要是针对数据、符号、结构、图像与信号等大量信息进行标准化处理，这些信息包括结构化、半结构化和非结构化数据，将所有信息转换成结构化数据是首要工作。可视化模型设计的主要任务是将预处理信息转换成图形的过程。绘图显示和交互环节，绘图显示是基于可视化模型将数据转换成图像、图形和表单，并展示在屏幕端；同时，用户的反馈信息通过显示模块进行反馈，以实现人机交互。通过以上步骤实现可视化管理（Visual Management），让管理者实时了解管理对象相关信息，达到管理透明化、现场化与可视化的目的。

3.8.3.1 生产包裹信息可视化

实现生产包裹信息可视化是实现生产过程信息可视化的第一步。生产包裹除物理生产包裹外，还有通过电子标签匹配的数字化生产包裹。因此，通过生产包裹可视化看板即时显示生产包裹的生产工艺和信息，便于实际操作和管理。生产包裹信息可视化与生产包裹可视化看板分别如图 3—79、图 3—80 所示。

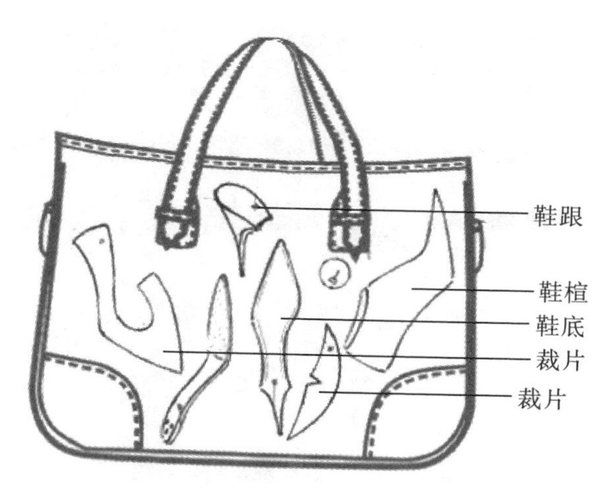

图 3－79　生产包裹信息可视化

生产包裹可视化看板

订单信息	鞋楦	主材料	鞋跟	中底	大底	BOM 工艺说明书
编号：	编号：	编号：	编号：	编号：	编号：	编号/版本：
订单时间 交付时间	型号 风格 跟高	颜色 数量	跟高 型号 数量	型号 数量	型号 数量	
特殊要求	特殊要求	特殊要求	特殊要求	特殊要求	特殊要求	特殊要求
操作人员 操作时间	操作人员 操作时间	操作人员 操作时间	操作人员 操作时间	操作人员 操作时间	操作人员 操作时间	操作人员 操作时间
综合状态	综合状态	综合状态	综合状态	综合状态	综合状态	综合状态

生产包裹完成状态

95%

生产包裹制作进度状态

- 面部组装 80%
- 底部组装 30%
- 成型/后处理 50%
- 包装/物流 60%
- 订单整体完成度 90%

图 3－80　生产包裹可视化看板

3.8.3.2　订单分配信息可视化

订单分配信息可以直接从生产包裹的制作进度中查看，也可以通过独立的订单分配可视化看板（图 3－81）查看。

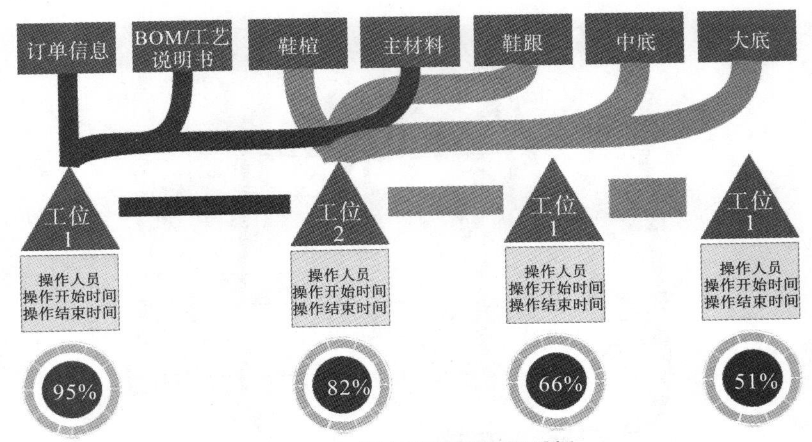

图 3-81 订单分配可视化看板

3.8.3.3 订单总体完成进度信息可视化

订单总体完成进度信息可视化看板如图 3-82 所示。

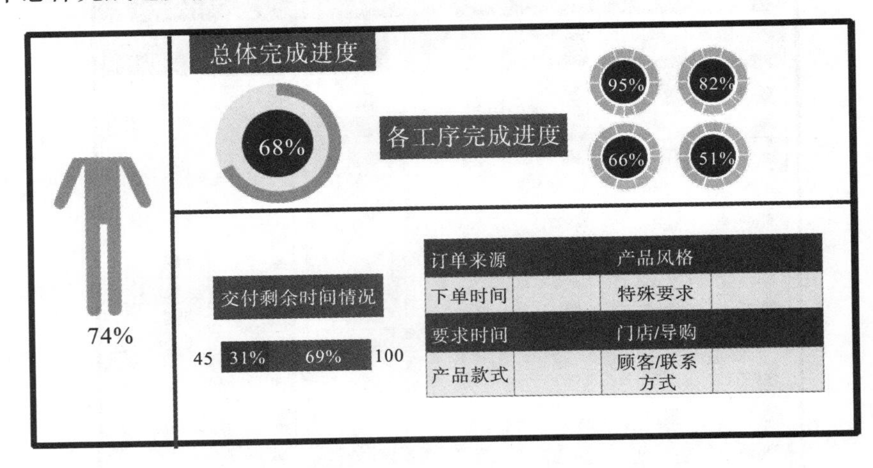

图 3-82 订单总体完成进度信息可视化看板

第 4 章　鞋履定制的商业模式

4.1　鞋履定制商业模式的组成

鞋履定制的商业模式由九个方面构成，如图 4－1 所示。

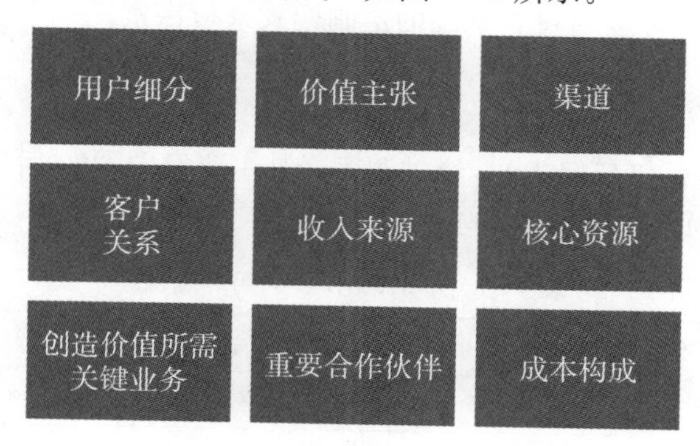

图 4－1　鞋履定制商业模式的组成

（1）用户细分。

用户细分即找准定位，如针对的用户类型［B 端（企业端）或 C 端（个人端）］、用户画像等，这是鞋履定制商业模式的基础。

（2）价值主张。

产品或服务需要传播的理念和价值。

（3）渠道。

实现产品或服务的渠道，如线上渠道、线下渠道、代理人渠道等。

（4）客户关系。

产品或服务与客户的关系越强，代表客户的使用频率越高，则实现的价值就越高。

（5）收入来源。

包括实现收入的方式以及商业模式变现的方式。

（6）核心资源。

产品或服务所具备的资源、核心竞争力以及核心资源的差异。

（7）创造价值所需关键业务。

梳理创造价值的环节，围绕其开展相关工作，实现价值。

（8）重要合作伙伴。

无论是核心资源和价值的创造，都离不开重要的合作伙伴。

（9）成本构成。

识别产品或服务的成本，对成本进行细分。

设计商业模式的本质是针对每一个组成部分进行系统性的整合。鞋履定制的商业模式可分为标准鞋履定制模式和功能性鞋履定制模式。标准鞋履定制模式主要用于大多数常规鞋履定制市场；功能性鞋履定制模式适用于强调深度定制，对功能性需求更高的鞋履定制市场。

4.1.1 标准鞋履定制模式

以 A 品牌为例，进行商业模式设计的说明。A 品牌是一个小型鞋业公司，拥有自主设计和研发团队，有一条生产制造流水线、数十家线下专营店和线上旗舰店。A 品牌希望开拓定制业务，需要对符合条件的定制模式进行探索。

4.1.1.1 用户细分

针对 A 品牌的定位（年轻人），经过调研，其主要面向“90 后”消费者。代表两类用户的小 L 和小 K 的用户画像见表 4－1。

表 4－1 小 L 和小 K 的用户画像

用户画像参数	小 L	小 K
收入（万元/年）	7～8	6～7
月消费频率（次/月）	10	20
线上消费渠道	网易严选、有品	天猫、京东、唯品会
线下消费渠道	购物中心	购物中心
主要消费产品	居家生活类、快时尚服饰类	化妆品、快时尚服饰类
单次消费金额（元）	300～400	300～600
月累计消费金额（元）	2000	3500
对新品牌的态度	愿意尝试小众品牌或新品牌，包括独立设计师品牌	愿意尝试小众品牌或新品牌，包括独立设计师品牌
对定制产品的态度	意愿强烈	意愿强烈
关注品牌的哪些方面	口碑、产品质量、设计	口碑、产品质量、设计

4.1.1.2 价值主张

针对用户细分，A 品牌进一步提炼出标准定制鞋履产品的价值主张：彰显个性、显著元素、国风时尚，如图 4－2 所示。A 品牌针对“90 后”消费者，提供可定制的时尚类鞋履产品，添加国风元素，满足了大多数消费者的定制需求，体现了针对“90 后”

用户画像的标准定制鞋履产品的价值主张。

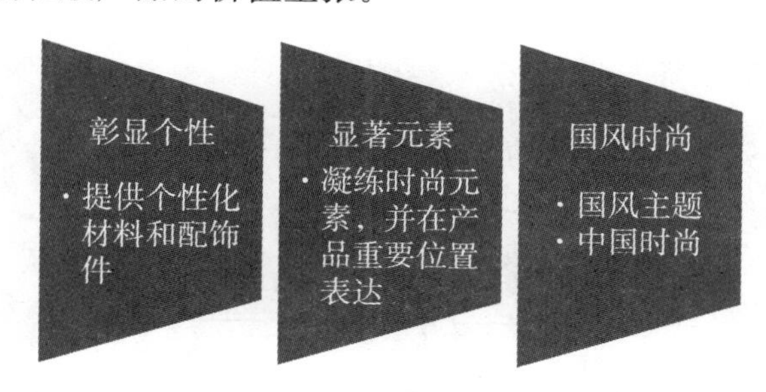

图 4－2　针对“90 后”用户画像的标准定制鞋履产品的价值主张

4.1.1.3　渠道

A 品牌的产品定位为可定制休闲板鞋，属于轻量定制模式。可定制内容是帮面图案、拼接色彩、鞋底颜色。帮面图案可根据用户提供的个性化图片进行数码印花制作。

根据前期市场调研和研究，A 品牌的推广渠道为年轻化的购物中心，门店面积为 50～80 m^2。另外，在线上积极开展全渠道零售，重点采用网络红人推荐和直播销售模式，并开通微博官方账号，推出微信小程序。

4.1.1.4　客户关系

A 品牌与客户建立娱乐伙伴的强关系。娱乐伙伴是指产品能够与客户一同分享娱乐内容，如动漫、街舞等主题；强关系是通过使用产品凸显用户个性。

4.1.1.5　收入来源

A 品牌的收入来源主要是产品销售。

4.1.1.6　核心资源

（1）研发体系。

基于 A 品牌完善的研发体系，成立面向“90 后”用户群体的设计小组，整合优秀插画设计师，储备多样的帮面图案素材。

（2）品牌体系。

A 品牌的用户定位为“年轻＋国风＋时尚”，聚焦“90 后”消费者的诉求，建立 A 品牌的设计语言、营销语言、品牌符号和经典款式。让“年轻＋国风＋时尚”的品牌形象深入“90 后”消费者内心，并与用户成为娱乐伙伴。

（3）营销体系。

A 品牌营销体系的建设，首先选择年轻时尚的购物中心，增加与“90 后”消费者的触点，深入了解其需求；同时积极拓展线上营销渠道，如博客、直播等，加强品牌与用户的关系。

（4）制造体系。

依托 A 品牌自身的生产制造优势，采用生产包裹和柔性制造模式，以单件流制造完成订单。

4.1.1.7 创造价值所需关键业务

A品牌梳理出业务生产链产生的价值，如图4－3所示。

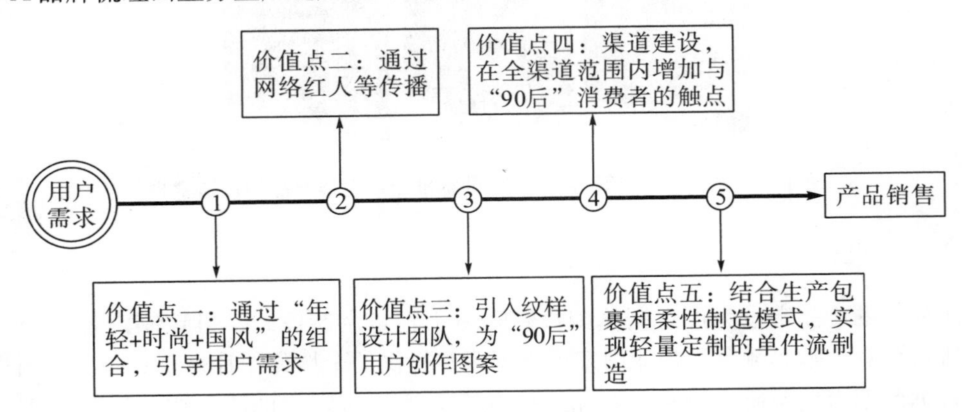

图4－3　A品牌业务生产链产生的价值

价值点一：确定品牌定位为“年轻＋时尚＋国风”，引导“90后”用户的需求，带动其从产品的使用者成为品牌的追捧者。

价值点二：积极推动线上的营销，重点通过与网络时尚意见领袖的合作，确立品牌的新、潮的态度，积极与“90后”用户平等沟通，赢得他们的信任。

价值点三：引入纹样设计团队，围绕“年轻＋时尚＋国风”主题创作图案。

价值点四：积极布局年轻时尚的购物中心作为产品宣传和体验渠道，增加与用户在线下的触点；同时，在线上打通各类渠道，与用户分享品牌价值和信息，并长期保持沟通与联系。

价值点五：品牌结合生产包裹和柔性制造模式，确保用户能够收到设计满意、质量优良、交期准时的产品。

4.1.1.8 重要合作

针对整个业务流程，品牌可与CI设计公司和大数据平台合作，与物料采购商、部件厂商、指标检测中心有紧密联系，与视觉定制化程序或网站搭建公司合作。研发、生产、营销通常由品牌自主完成，但也可以将一个或多个环节承包给其他公司进行合作。对于物流端，为了降低成本，品牌通常会与固定的物流公司签约完成产品配送业务。

4.1.2 功能性鞋履定制模式

4.1.2.1 用户细分

B品牌主要开展功能性鞋履定制业务，其主要面向“80后”消费者。经过品牌调研，代表“80后”男性消费者的小Y和女性消费者的小Z的用户画像见表4－2。

表 4—2　小 Y 和小 Z 的用户画像

用户画像的参数	小 Y	小 Z
收入（万元/年）	20～25	18～20
月消费频率（次/月）	10	25
线上消费渠道	网易严选、有品	天猫、京东、唯品会
线下消费渠道	购物中心	购物中心
主要消费产品	居家生活类产品、电子产品、中端服饰产品	化妆品、中高端服饰产品、日用品
单次消费金额（元）	400～800	500～1200
月累计消费金额（元）	6000	20000
对新品牌的态度	愿意尝试小众品牌或新品牌，包括独立设计师品牌	愿意尝试小众品牌或新品牌，包括独立设计师品牌
对定制产品的态度	意愿强烈	意愿强烈
关注品牌的哪些方面	口碑、产品质量、设计	设计、口碑、产品质量
功能性定制需求	高级白领，需要日常穿着正式的商务皮鞋，舒适性需求高	热爱健身的非专业运动爱好者，腿部曾受过伤，对防护功能需求高

4.1.2.2　价值主张

针对用户细分，B 品牌进一步提炼出功能性定制鞋履产品的价值主张，如图 4—4 所示。

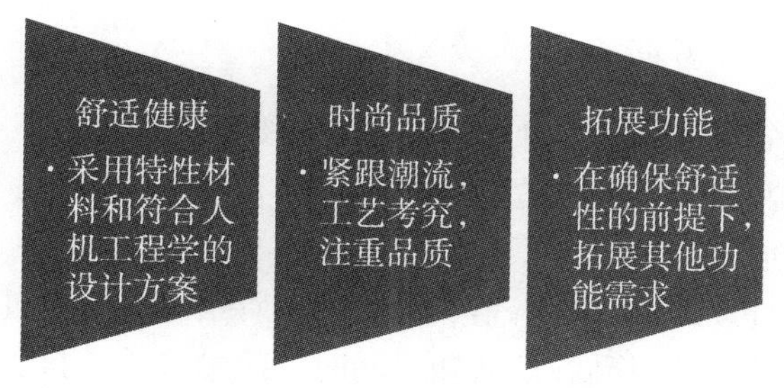

图 4—4　针对“80 后”用户画像的功能性定制鞋履产品的价值主张

B 品牌针对“80 后”消费者提供可定制的时尚鞋，其在优选材料和工艺的前提下，提升产品外观时尚度；在满足穿着舒适度的前提下，增加医疗保健相关功能。

4.1.2.3　渠道

小 Y 的产品定位为可定制的正装商务鞋，属于轻量定制模式。可定制内容是帮面、内里、跟底的材料，通常在烫底或鞋底可定制激光签名。

小 Z 的产品定位为可定制的运动休闲鞋，需要具备防护功能，除可定制外观外，还需要对护理部位的结构和材料进行定制，属于高量定制模式，涉及医疗保健方面知识，需要具备专业资质的企业提供服务。

根据前期市场调研，B 品牌线下渠道选择年轻化的购物中心，门店面积为 50～80 m^2。另外，积极开展线上全渠道销售，开通微博官方账号，推出微信小程序等。

4.1.2.4 收入来源

B品牌的收入来源主要是产品销售，还包括定制服务相关业务的收入，如足部健康诊断费、周期性检查费等，这些都是鞋履定制收入来源的核心部分。

4.1.2.5 核心资源

（1）研发体系。

基于B品牌完善的研发体系，成立面向“80后”用户群体的设计小组和解决特殊功能需求的研发团队。

（2）品牌体系。

B品牌的定位简单概括为“舒适＋健康＋品质（＋功能性）”，聚焦“80后”消费者的诉求，构建品牌设计语言、营销语言、品牌符号和经典款式。

（3）营销体系。

B品牌营销体系的建设，首先，选择年轻化的时尚购物中心，增加与“80后”消费者的触点，深入了解其需求；另外，开发线上营销方式，通过微信群、朋友圈推广的团购方式，组建网络销售团队。

（4）制造体系。

B品牌依托自身生产制造优势，结合生产包裹和柔性制造模式，以单件流制造完成订单。

4.1.2.6 创造价值所需的关键业务

B品牌梳理出整个业务链产生价值的模块，主要有以下五点。

价值点一：B品牌定位为“舒适＋健康＋品质”，引导“80后”消费者的需求，带动其从产品的使用者成为品牌的追捧者。

价值点二：积极推动线上营销，重点发展网络营销团队，通过微信、团购群分享相关产品和服务，提高消费者对品牌的认知。同时，鼓励快手、抖音等短视频平台或网络直播平台销售产品。

价值点三：成立功能研发团队，从材料、结构和工艺等方面进行设计和开发，提高产品的品质和价值。

价值点四：积极布局年轻化的购物中心作为产品体验和选购渠道，增加与用户的线下触点。同时，定期开展主题活动，让“80后”消费者分享生活，加强品牌和消费者的关系。

价值点五：结合生产包裹和柔性制造模式，确保用户收到设计满意、质量优良、交期准时的产品。

4.1.2.7 重要合作

有资质的研发组织或机构是鞋履定制业务最重要的合作伙伴，涉及医疗健康、人机工学、生物力学等领域，它决定了品牌的价值、定位和客群，可以提升产品的舒适性、防护性和品质。

4.2 功能性鞋垫定制商业模式的设计

4.2.1 用户细分

按照购买功能性鞋垫的目的，可以将用户分为四类。

（1）普通型。

普通型用户购买功能性鞋垫是为了提升个人形象，如为了让自己更高挑而选择增高鞋垫。

（2）工作型。

工作型用户购买功能性鞋垫是为了更好地完成工作目标，例如，篮球运动员、田径运动员为了在比赛时发挥个人能力，选择缓震类鞋垫；制药厂、食品厂、电子厂的洁净车间、实验室等区域的工作人员为了减少或消除静电危害，选择抗静电鞋垫；等等。

（3）支撑矫正型。

支撑矫正型用户相较普通型用户和工作型用户更需要购买功能性鞋垫，用来矫正脚型或在运动时给脚掌予以支撑，提高穿着舒适度。

（4）医疗型。

医疗型用户主要有长期运动的人群、骨科病人或糖尿病患者，他们需要有特定功能的鞋垫对脚部进行保护或帮助缓解病痛。

4.2.2 价值主张

使用仪器对用户脚型进行精确分析，按照脚型特点生产匹配的脚垫，提升用户体验，在提高脚部舒适度的基础上辅助降低运动损伤、关节损伤，缓解老年人的关节疼痛，矫正少年儿童足部外翻、内翻，支撑平底足，减小足部疲劳，让人们更加健康。

4.2.3 渠道

4.2.3.1 推广策略

功能性鞋垫不仅适用于足部畸形、患有足部病症的人群，其受众十分广泛。当今社会，人们开始追求更加舒适、健康的生活，对自己的穿着有了更多的要求。功能性鞋垫定制业务可在线下门店、诊所、医院相关科室、社区服务站等试点，免费采集、分析脚型数据，让更多的消费者了解鞋履定制和功能性鞋垫定制。

4.2.3.2 渠道整合

根据收集的数据分析消费者的需求，确定有效的、效益最好的渠道。分析各种影响因素，并设立分销渠道目标，确保企业和消费者的利益都实现最大化，节约交易成本。在线下门店开展功能性鞋垫定制服务，较大限度地体现定制服务的价值。

4.2.3.3 渠道设计与再造

（1）渠道多元化。

根据市场变化和产品特征将单一渠道逐步转化成多元化的分销渠道。例如，通过协商合作，将原有自营渠道分散到线下门店、商场、医院等，建立合作渠道。

（2）渠道规范化。

在兼并、整合的同时，进一步根据市场变化和产品对应消费者的服务需求进一步将渠道规范化、系统化。例如，不断提升产品和服务在客户中的认可度，协助顾客选择产品及适合自己的服务类型，提供强有力的售后服务及客户支持等。

提升消费者认知。通过先进设备和技术扫描顾客脚型，帮助用户分析、理解数据，使人们了解个性化定制。

评估价值主张。列出功能性鞋垫及个性化定制的优势，对比功能性鞋垫与传统鞋垫的不同之处，聚焦用户追求的目标利益，最大限度地发挥功能性鞋垫定制的优势。

（3）可能的渠道。

传统自营渠道：开设线下门店，提供功能性鞋垫定制服务。

合作伙伴渠道：在商场、线下门店等提供功能性鞋垫定制产品和服务。

医疗保健渠道：在诊所、医院相关科室（如康复保健科）为足部病症患者或复健人员提供功能性鞋垫定制服务。

运动健身渠道：在运动场所（如健身房、体育馆）等提供功能性鞋垫定制产品和服务。

其他渠道：基于互联网技术，通过网络媒体向消费者宣传和提供功能性鞋垫定制产品和服务。

4.2.4 客户关系

4.2.4.1 市场背景

脚是人体的根基，在站立、行走、跑步、跳跃时，脚的作用十分突出。足部不仅需要鞋子对其进行保护，还需要鞋垫及其他足部护具实现特殊功能，如矫形、运动防护、日常护理等。环境、遗传、疾病等因素导致部分人群足部出现畸形、病症，这些人群对鞋垫功能的需求增多。另外，随着生活水平不断提高，大众对脚部保健越来越重视，对鞋垫功能的要求越来越高。因此，各种功能性鞋垫及足部护具应运而生。鞋垫已经不仅仅是脚下的软垫，而是具有矫形、吸震、抗菌等功能的生活必需品。

目前，国内外对鞋垫都进行了相关研究。国内相关研究主要是针对鞋垫功能的开发。国外研究鞋垫时间较长，对鞋垫的材料和结构进行了深入研究。2000 年之后，各种矫形鞋垫出现在市场上，研究人员对这类鞋垫进行跟踪研究，对使用人群进行分类，如糖尿病患者、足弓塌陷人群等，有针对性地定制不同类型鞋垫以满足不同需求。

目前，市场上的大部分功能性鞋垫都是批量制式化生产，这种制式化生产是根据特定模型制造出大批产品，根本达不到真正的矫形效果。因此，应该针对不同消费人群和不同脚型，采用先进仪器与技术进行测量分析，个性化定制功能性鞋垫，从而满足人们对脚部的特殊功能需求。

4.2.4.2 客户关系

功能性鞋垫定制改变了以往传统的单纯买卖关系，让消费者与企业之间联系紧密，在一定程度上实现了双方共赢。一方面，顾客选用根据其脚部特点定制的功能性鞋垫，达到矫形和保健的目的；另一方面，企业通过采集消费者脚型数据，收集到更多的研究样本，从而不断地进行技术创新，使功能性鞋垫定制价值最大化。在线下门店和商场提供试点服务，达成长期合作关系，线下门店和商场能够提供平台普及功能性鞋垫定制理念，并采集大量数据，为产品研发提供思路和资源，满足不同用户的需求。

4.2.5 收入来源

4.2.5.1 资产销售

（1）销售产品。

最直接的收入来源就是销售产品，获取利润。销售与成本，应参照当前市面上的功能性鞋垫售价制定价格，并控制成本。

（2）销售技术服务。

另一类资产销售就是技术服务的销售，在研发出新技术之前，可以将现有技术进行销售。

4.2.5.2 合作费用

与一些销售鞋类产品的公司合作，对每一双鞋自动匹配相应的功能性鞋垫，再提高鞋的价格，从中获取相应的利润。

4.2.5.3 定制费用

进行功能性鞋垫定制服务时，对有需求的顾客进行量身定做。功能性鞋垫定制可以分为以下三种类型：

（1）简单定制。首先进行简单测试，选择合适的鞋款，有针对性地匹配一款粗坯鞋垫。

（2）中等定制。前期操作与上述流程相同，再根据测试结果，对鞋垫进行多层垫片的组合和手工打磨，并反复试穿进行调整。

（3）高级定制。扫描脚型、肌肉和骨骼，指导用户进行一系列训练和测试，详细了解用户伤病情况，改制新的鞋楦、鞋面，修改甚至更换鞋底，匹配合适的功能性定制鞋垫，并周期性地进行跟踪测试，保证每半年做一次修改。

4.2.5.4 授权收费

对一些专利、商标、技术等进行授权收费，从而获取利润。

4.2.5.5 相关配件收费

借鉴 Footprint Insole 的相关经验，研发一套本公司的功能性鞋垫相关的配件，如 Footprint Insole 的 painkiller socks，提升产品档次。

4.2.5.6 广告收费

与一些企业合作，对鞋垫或配套产品提供产品宣传服务，以获取广告收入。

4.2.6 核心资源

4.2.6.1 知识资产

功能性鞋垫定制项目的专利、设计专用权、商标等。

4.2.6.2 市场资产

客户资源、销售渠道、专利技术等。

4.2.6.3 人力资源

企业文化、信息技术系统、财务结构、市场与客户数据库等。

4.2.7 创造价值所需关键业务

4.2.7.1 策划过程

目前，大多数客户能够接受材料优质、价格相对较高的鞋垫，应把材料成本控制在市场中上游水平。

4.2.7.2 生产过程

（1）设计成本控制。

根据不同用户的脚型可分为高弓足、正常足和扁平足，不同的脚型应匹配不同的鞋垫，才能提升鞋子穿着舒适度。对脚型进行分类，加工匹配不同脚型的鞋垫，再根据 3D 扫描结果进行改进，最大限度地节约成本。

（2）加工成本控制。

4.2.7.3 售后过程

（1）宣传：强调功能性鞋垫的个性化特点，针对个体情况设计和加工鞋垫，在满足舒适度的基础上，实现特殊功能。

（2）服务：为客户提供良好的购买体验，保持良好的企业形象。

（3）售后保障：积极妥善进行售后服务，保障消费者的权益。

4.2.8 重要合作

4.2.8.1 项目前期

功能性鞋垫定制项目要与线下门店合作，因为用户首先接触线下门店。特殊脚型或有特殊习惯的用户可在线下门店录入脚型数据和需求，产品定制完成后，由线下门店参与配送和售后服务。

4.2.8.2 项目中期

与有反向建模技术的团队进行合作，生产鞋垫模块；与专门的工厂合作，对鞋垫模块进行量产，由技术熟练的工人对鞋垫进行进一步加工。

4.2.9 成本构成

功能性鞋垫定制项目的推广需要资金投入，包括品牌广告、产品广告、销售人员费用等。

功能性鞋垫定制项目的实行需要扫描技术、逆向建模技术以及 3D 打印机、数控机床等设备的投入，还需要量产的各类型的基础鞋垫和各个鞋垫区域的加工模型以及其他辅助材料。在鞋垫生产过程中，需要技术熟练的工人。产品售出后，配送会产生一定的费用。

企业存储用户数据，需要建立生产服务系统，以完善和改进鞋垫功能，提供更多的个性化选择。另外，在产品销售和售后过程中，企业可开发供客户查看产品制作和物流信息的应用程序。这些项目都会产生一定的费用。

4.3 鞋履定制的品牌战略

鞋履定制是一种新的模式。这里所说的新模式是指在当前互联网信息技术快速发展的背景下产生新技术、新平台以及发展新用户。不同于传统的全流程手工测量和手工制造，现在鞋履定制采用先进测量设备，引入了人工智能算法，进行产品推荐，并使用生产包裹制造模式进行大规模生产。另外，鞋履定制业务还衍生出轻量型定制、智能推荐型定制等多种业务形态，使鞋履定制的内涵得到扩展。

在新形势下，鞋履品牌纷纷开设定制业务，有的沿用主品牌，有的推出新品牌，并积极制定新的品牌战略，以确保业务的顺利实施。品牌战略的制定包括品牌化决策、品牌模式选择、品牌定位识别、品牌延伸规划、品牌管理规划与品牌远景设立。

4.3.1 品牌化决策

品牌化决策通常是指品牌建立的方向和方式，如独自创立的新品牌或通过收购、兼并的方式建立的品牌。品牌是产品的重要标签，具有较高的辨识度，是展现差异化的重要手段。品牌的概念包括差异化、个性化、消费者的内心反馈、语言、符号等元素。因此，进行品牌化决策时，要综合考虑这些因素，研究其与定制业务的关联。

鞋履定制产品要和用户产生强关系：款式的差异化、尺寸和舒适度的个性化、材质和品位体现消费者的内心反馈。针对这些特点，鞋履定制品牌化的决策方向可以包括以下五个方面：

（1）收购或兼并欧洲定制鞋品牌，其具有一定的定制历史，采用传统制造工艺，用料考究，采用真皮大底和固特异工艺，目标客群为高端商务人士。

（2）收购或兼并欧洲设计师品牌，其可以提供定制服务，主打时尚定制，主要提供面料、设计可选的轻量型定制服务，目标客群为追求时尚的年轻群体。

（3）打造一个设计师品牌，重点围绕国内用户的定制需求，提供面料、设计可选的轻量型定制服务，目标客群为追求时尚的年轻群体。

（4）从主品牌中衍生副牌，重点围绕个性化量脚定制，提升现有品牌的形象，拓展存量市场。

（5）提供去品牌化产品，入驻线上定制平台（如衣邦人、网易严选和必要网等），通过平台的品牌效应来实现产品价值。

4.3.2 品牌模式选择

品牌模式主要指运营的方式，当前市场运营的方式主要有直营模式、加盟代理模式、代运营模式和联营模式。直营模式指品牌方掌控渠道，全面负责运营工作，如百丽模式；加盟代理模式指加盟商和代理商按照品牌模板及指导进行运营，负责一部分品牌宣传和产品销售，如红蜻蜓模式；代运营模式是一种较新的模式，指加盟商或代理商仅提供一部分场地和运营人员，其他均由品牌方负责，如肯德基模式；联营模式指品牌方和运营方开展绑定合作，双方各提供一定的资源，确保品牌宣传和产品销售。

鞋履定制产品具有高度集中的供应链、产品设计研发体系和服务体系，比较适合直营模式。另外，定制业务的拓展需要第三方合作，因此，代运营模式也比较适合鞋履定制业务的拓展。

4.3.3 品牌定位识别

品牌定位识别是品牌的核心任务之一。若要将一个品牌关联定制服务，需要特定的设计语言进行表达，与其他标准化产品进行区分。设计语言可以通过颜色、标识、特定区域的差异来进行表现等。在标准化场景中，品牌定位识别能够帮助用户迅速锁定定制服务。

红蜻蜓品牌的副牌，定位为手工定制，通过道具、区域、色系等的差异在红蜻蜓直营模式中对标准化产品和定制产品进行有效区分。RED DRAGONFLT 的标准化产品与定制产品的主要陈列形式如图 4－5 所示。

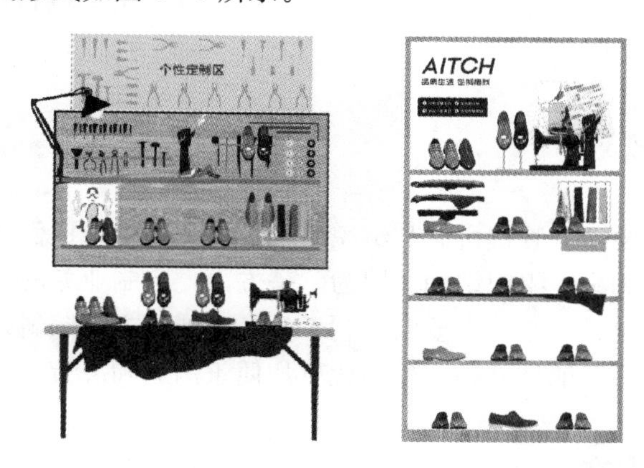

图 4－5　RED DRAGONFLT 的标准化产品与定制产品的主要陈列形式

4.3.4 品牌延伸规划

品牌延伸指品牌在一定用户基础上挖掘增量市场的计划和措施。鞋履定制品牌服务的用户是聚焦在一定范围内的，因此，有必要对品牌延伸进行规划，构建品牌生态圈。例如，必要平台最初以鞋品定制和预售模式进行发展，目前拓展出眼镜、家具用品等产品类别，逐步构建同一消费级的品牌生态圈。

案例 1　香奈儿品牌延伸——香水

香奈儿品牌策略：面向中高档消费群体，专注于女装服饰和化妆品，定时策划活动，宣传品牌内涵和形象，逐步培养一批忠实的品牌追求者。

品牌延伸：具备了核心竞争点的品牌，需要用品质进行支撑，这样才会保证产品长销不衰。香奈儿深谙此道——20 世纪，美国著名影星玛丽莲·梦露在袒露其保持独特魅力的秘密时说道："夜间我只用香奈儿 5 号。"这句话体现了香奈儿香水精湛的调制技艺和蕴含的独特情调，促进了香奈儿 5 号香水成功进入市场并健康成长。

案例 1 是以品牌理念和名人推荐为切入点，将新产品导入市场。

案例 2　ELLE 品牌延伸——时尚大跨度

ELLE 品牌诞生于 1945 年，Helen Lazareff 女士在法国成功创刊第一本 *ELLE* 杂志，其最初目标是打造一本包含时装、美容和生活的女性周刊，创造出一种具有时代性、前瞻性的潮流出版物。经过半个世纪的努力，*ELLE* 已经成为全球最大的时尚杂志之一，覆盖女性、时尚、生活等方面，以开放、时尚、创新、娱乐的理念将流行情报第一时间带给消费者。

如今，ELLE 已不只是一本时尚杂志，而是一个国际时尚品牌，在全球都拥有良好的知名度和美誉度，其衍生产品也具备良好的市场形象。ELLE 继续发展杂志内容，覆盖不同领域，如《ELLE DECORATION 家居廊》《ELLE·女孩》《ELLE·厨房》等。ELLE 利用其在女性读者中的口碑和知名度，拓展产品类型，旗下逐渐发展了服装、鞋帽、手袋、手表、文具、童装等系列。

案例 2 中，ELLE 品牌通过发展原有产物，对其目标用户进行细分，拓展新用户，并有针对性地创造相关产品。

4.3.5 品牌管理规划

品牌管理规划主要指从管理机制与组织结构上为品牌建设提供支持。定制品牌需要具备灵活的管理机制和扁平组织结构。因为，一方面，定制业务的灵活性，要求各部门积极进行协调沟通，决策机制一定要向有利于业务开展的方向倾斜；另一方面，扁平组织结构适合处于起步阶段的新品牌，扁平化更加便于沟通和决策。

4.3.6 品牌远景设立

品牌远景指品牌发展的终极目标，即品牌要实现的价值。鞋履定制品牌远景可分为物质层面和精神层面。在物质层面，为更多的用户提供合脚、舒适的和安全的产品；在精神层面，通过鞋履定制，使更多的用户实现特殊服饰穿搭要求，体现个人风格和品位，增强用户的自信心。

随着时间的推移，品牌客群会发生变化，品牌应具备充分的识别度，不断增长客户，这就需要品牌在 CI（企业识别系统）设计上保持远瞻性。目前，“跨界文化”“跨界时尚”品牌层出不穷。

如图 4-6 所示，旺仔、大白兔、老干妈等食品品牌也开始尝试跨界时尚，与原有用户和新用户产生共鸣，增强了品牌的影响力。

图 4－6　“跨界文化”“跨界时尚”品牌

不少企业都在探索如何延续企业和品牌文化，并为品牌识别标识系统化地进行设计。尤其是定制品牌，要想在消费者中建立一定的地位，最重要的就是对企业文化和品牌识别标识进行规划。企业识别系统是一个复杂的体系，不少企业将其承包给专业设计公司，尤其是 VI（企业视觉识别）涉及品牌展示的各个方面。识别系统的设计思路企业如图 4－7 所示。

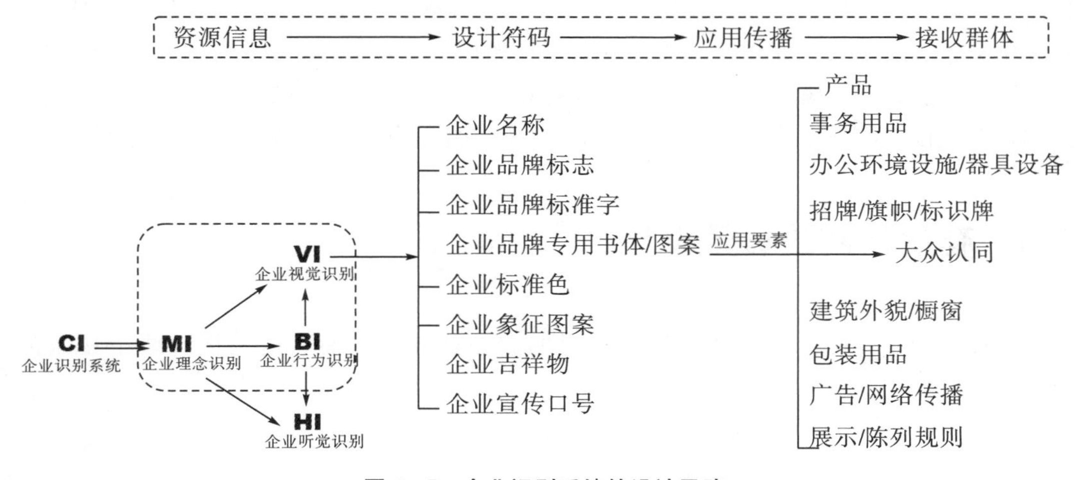

图 4－7　企业识别系统的设计思路

确定企业识别系统后，建立品牌识别标识，并延伸设计产品标识。在鞋服行业，通常参考时尚趋势，对经典标识增减流行元素，或改进工艺、替换材质，如芬迪（图 4—8）、菲拉格慕（图 4—9）、LV 等。

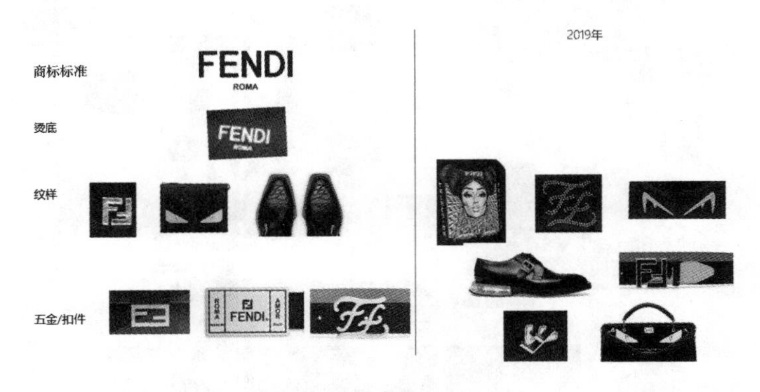

图 4—8　芬迪品牌的发展

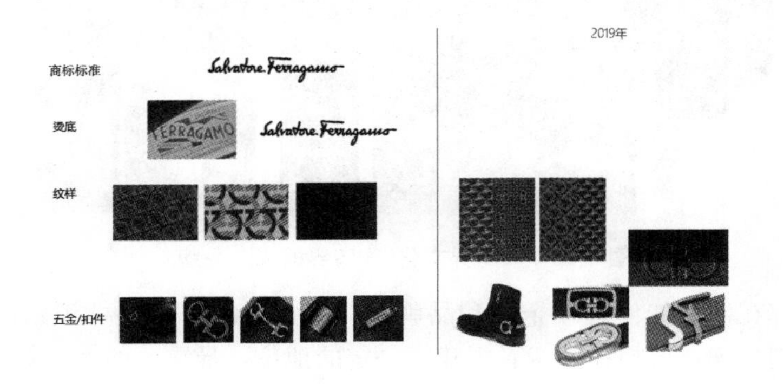

图 4—9　菲拉格慕品牌的发展

品牌识别标识在某种程度上代表了品牌文化定位和价值定位。品牌识别标识看起来很简单，其实需要长期实践并随时进行调整。然而，有一些企业没有树立品牌意识，一味模仿和抄袭，这样很难在竞争激烈的市场中立足。

因此，品牌应该树立明确的价值观和文化理念，对自主研发的经典知识产权要进行延伸，这是设立品牌远景的一个重要手段，也是传统品牌转型升级的重要工作之一。

4.4　鞋履定制的场景设计

鞋履定制是一种体验服务，具有较强的用户交互体验感，这是设计线下场景的核心。

4.4.1 体验感的构建

体验感发生模型如图 4－10 所示。流量、口碑和广告是吸引用户体验的主要手段。流量包括线上流量和线下流量，线上流量源于品牌官方商城、微博、微信的营销；线下流量主要来自线下门店。口碑是依靠良好的产品质量和服务使用户评价并自愿宣传。广告是在线上或线下投放的进行宣传和营销的内容。流量引导用户进入线下门店，门店装修氛围给用户留下了第一印象，这属于硬件；导购对用户进行服务，用户试穿，这属于软件。最终，用户产生消费行为，并获得产品售后及保养方面的信息，体验感发生模型构建完成。

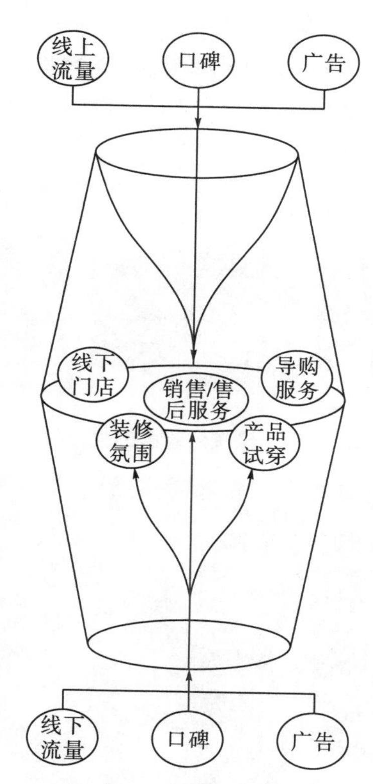

图 4－10　体验感发生模型

4.4.2 不同种类的体验感

4.4.2.1 科技化体验感

科技化体验感的场景如图 4－11 所示。

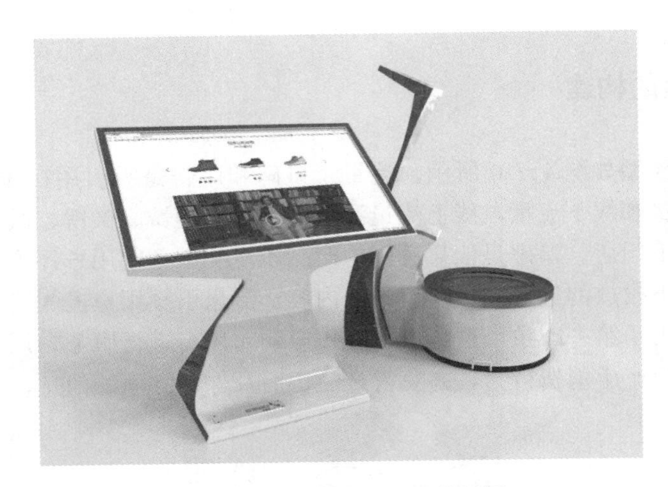

图 4－11　科技化体验感的场景

4.4.2.2　传统体验感

传统体验感的关键要素和场景分别如图 4－12、图 4－13 所示。

图 4－12　传统体验感的关键要素

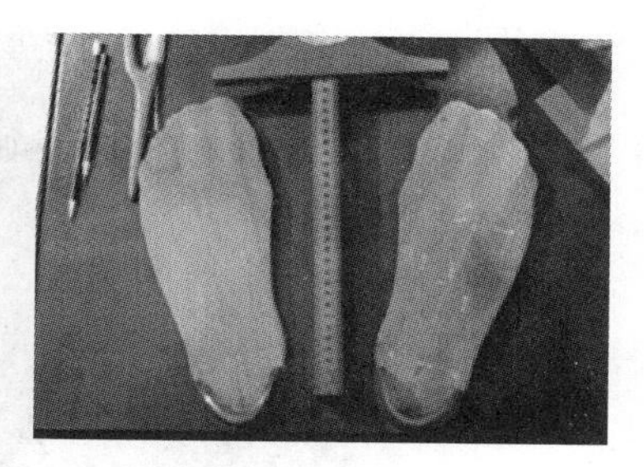

图 4—13　传统体验感的场景——红蜻蜓定制手工坊

4.4.2.3　时尚体验感

时尚体验感的关键要素和场景分别如图 4—14、图 4—15 所示。

图 4—14　时尚体验感的关键要素

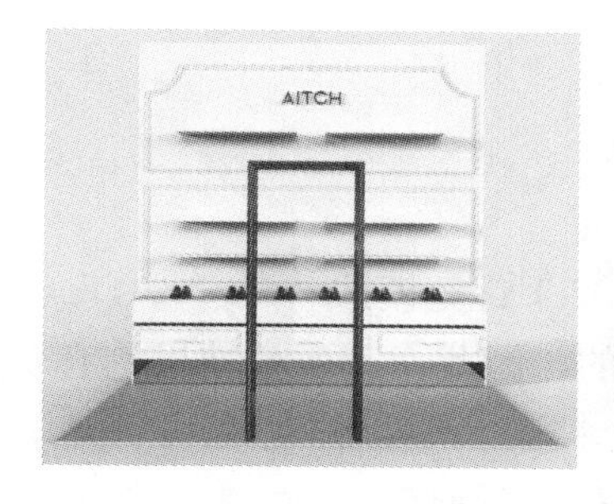

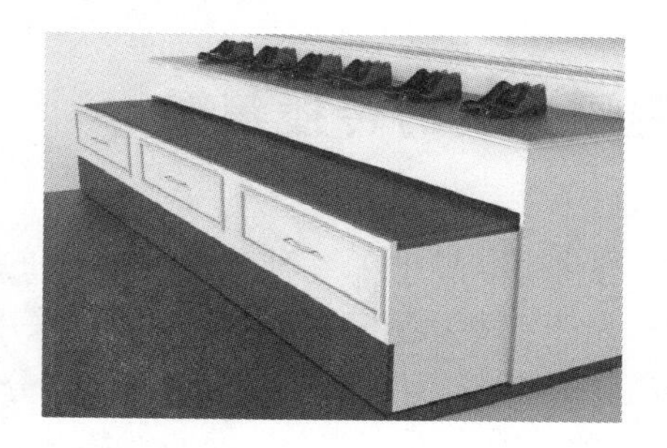

图 4—15　时尚体验感的场景

4.4.2.4　智慧化体验感

智慧化体验感的关键要素和场景分别如图 4—16、图 4—17 所示。

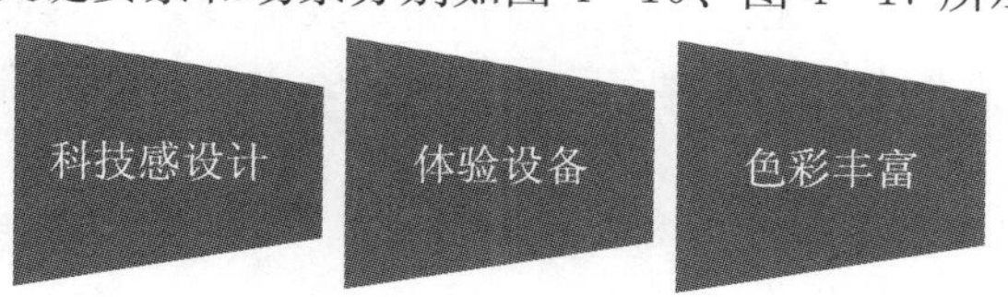

图 4—16　智慧化体验感的关键要素

图 4－17　智慧化体验感的场景

4.5　鞋履定制的传播策略

《O2O进化论》提出了一种当前形势下的O2O商业模式——“SADUS”（圣人）行为模式。由于O2O是正式定制业务广泛采用的，因此，其研究结果具有较强的应用意义。“SADUS”行为模式包括五个关键部分：搜索（S）、关注（A）、使用（D）、体验（U）、口碑（S）。五个部分既是行为模式，又是定制传播策略的基础。

4.5.1　搜索

要获取用户的搜索信息，无论是线上搜索还是线下搜索，其便捷程度决定了用户体验的第一感觉。设定品牌搜索的关键字，积极与搜索引擎合作，都能有效地提高用户的搜索体验。

4.5.2　关注

搜索完成后的重点就是锁定用户关注。吸引用户在众多项目中选择本品牌，要重点考虑浏览产品的传播作用，主要体现在产品和价格两个方面。在产品方面，若产品具有特殊的功能或有一定的设计感，则其能够吸引一部分客群；在价格方面，折扣券、新人优惠等措施能够直接有效地吸引部分客群。因此，结合产品和价格，锁定用户关注。

4.5.3 使用

产品的使用过程也可能传播品牌。在产品生命周期关键节点进行服务是非常有效的方法。比如，产品售出一段时间后，可以为用户提供产品保养服务，并采用印有品牌Logo的包装，提升用户的体验感；还可以对用户进行跟踪回访，增加用户复购概率；也可以推出各种优惠活动，如老带新、微博转发、微信转发等，提升用户与品牌的黏度以及产品曝光程度。

4.5.4 体验

体验是用户使用产品的感受。好的体验能够使用户心情舒畅。邀请用户撰写评论，分享使用经历，可有效地为品牌和产品加分。

4.5.5 口碑

无论是线下的口口相传，还是线上的评论转发，都属于口碑传播，这已经成为当下零售及新零售模式的重要传播手段。随着市场竞争日益激烈，各品牌应注重建立口碑，并进行各种形式的传播，为品牌和产品积累流量。

4.6 鞋履定制的未来畅想

我们可以畅想这样一个故事：

20××的某一天早晨，白领李小姐醒来，用手机查看两天前定制的参加今天晚宴的高跟鞋和晚礼服的物流进度。

李小姐在三天前收到晚宴邀请，激动万分。然而，筛选了自己现有衣服和鞋子后发现，没有一件适合晚宴。她通过网上购物平台的远程VR试衣对标准款晚礼服和高跟鞋进行试穿，都不太满意，她认为需要增加其他元素来表达自己的个性。通过与卖家沟通得知，这些产品都能够提供定制服务。李小姐迅速前往品牌线下体验店，接受了三维量体和三维量脚服务，并将自己对款式、材料和装饰元素的想法与专属设计师进行了沟通。最终，她预订了一套晚礼服和高跟鞋，并支付了定制的费用。她惊喜地发现，定制费用只比购买成品贵了不到20%。

品牌方收到订单后，迅速将其分成服装和鞋履的两个子订单。对于服装子订单，根据李小姐的身材特点优化服装版型，并生成加工任务BOM表，信息传递到自动裁床后迅速将材料切割为固定模块，材料部件经过传输系统分配给熟练工人进行制作，最终晚礼服到达设计师工位，设计师根据李小姐的个性化需求进行装饰和结构调整。对于鞋履子订单，根据李小姐的脚型数据、穿着习惯和所选择的款式，匹配品牌鞋楦数据库中的某一个型号，被选中鞋楦的数据被迅速传送到刻楦机系统，由操作工人直接加工鞋楦，通过无人小车运送到订单生产包裹计划中心，与款式样板、鞋部件、中底、大底、鞋跟、工艺要求等汇总，生产包裹传递到面部工段和底部工段，工人扫描电子标签后在工作台显示屏中了解到李小姐的高跟鞋的工艺特点和需求，工人完成制作后再通过无人小车送至配送中心。

当晚礼服和高跟鞋到达配送中心时，距李小姐订单截止时间还有 12 小时。配送人员对产品进行包装，并预约快递完成无人机配送服务。

李小姐在手机上收到无人机半个小时后到达的通知，她整理好阳台，方便无人机降落。半个小时后，无人机准时到达，降落在阳台，李小姐收到产品即可进行试穿体验。她对定制的晚礼服和高跟鞋非常满意，开心地参加了晚宴，成为众人的焦点。

这个故事中，一部分内容正在发生，另一部分内容在未来将成为现实。鞋履定制具有服务领先的优势，与用户的关系更加紧密，不仅提供产品，更成为用户身边的顾问。同时，物联网技术、5G 通信技术、先进物流技术、传感器技术、三维扫描技术、人工智能算法等前沿技术的发展和使用，为鞋履定制带来了无限的发展空间。技术的革命缩短了定制周期，提升了用户的体验感，并对传统成品销售模式进行补充。

目前，国内各大品牌都在探索鞋履定制业务，认为鞋履定制业务是未来产品序列的重要补充，也是转型升级的抓手。鞋履定制业务的开展仍然有一定难度，其难点在于技术的交叉融合和实现。建立鞋履定制技术体系，任重而道远。未来，鞋履定制行业的从业人员、研究者、供应商将共同努力，迎难而上，打造出中国特有的鞋履定制模式，成为全球鞋履行业的标杆。

参考文献

[1] 叶大兵，钱金波．中国鞋履文化史［M］. 北京：知识产权出版社，2014.

[2] 全岳. 鞋的起源与发展[J]. 中国皮革，2008(18)：119－121.

[3] 张国珍，芦影. 设计史［M］. 北京：中国传媒大学出版社，2008.

[4] 白寿彝. 中国通史［M］. 上海：上海人民出版社，2007.

[5] 布洛涅. 男人美学［M］. 王春慧，译．上海：上海文艺出版社，2016.

[6] 钱小聪，姜岚，马寅晨. 制造业的“互联网＋”发展道路研究[J]. 中国管理信息化，2020，23（1）：78－79.

[7] 周济. 智能制造——“中国制造 2025”的主攻方向[J]. 中国机械工程，2015，26（17）：2273－2284.

[8] 中国鞋类市场概况［EB/OL］.［2018－03－16］. https://china－trade－research. hktdc. com/business－news/article/中国贸易－中国消费市场/中国鞋类市场概况/ccm/sc/1/1X3AYEP5/1X002MPH. htm.

[9] 王德培. 中国经济 2018：新时代起点［M］. 北京：中国友谊出版公司，2018.

[10] 经贸研究. 中国内地中产消费调查（2017）概要及建议［EB/OL］.［2017－08－23］. https://hkmb. hktdc. com/sc/1X0AB8SK/经贸研究/中国内地中产消费调查 2017 概要及建议．

[11] 马文彦. 数字经济 2.0［M］. 北京：民主与建设出版社，2017.

[12] 2017 年度中国时尚消费调查报告[J]. 中国皮革制品，2017(8)：23－26.

[13] 兰笑. 抢占“新中产”消费风口[J]. 浙江经济，2018(10)：57.

[14] 2018 中国新中产圈层白皮书［EB/OL］.［2018－12－02］. https://wenku. baidu. com/view/a5c8acf700f69e3143323968011ca300a7c3f604. html.

[15] 周盈. 男性消费行为特征及营销策略研究[J]. 中国国际财经（中英文版），2018（12）：55.

[16] 裴国洪. 都市女性消费心理与行为[J]. 社会心理学科，2006(6)：69－74.

[17] 国际糖尿病足工作组. 糖尿病足国际临床指南［M］. 许樟荣，敬华，译. 北京：人民军医出版社，2003.

[18] MARC A A，BURTON D C. Adolescent idiopathic scoliosis：natural history and long term treatment effects［J］. Scoliosis and Spinal Disorders，2006，1(1)：2.

[19] 程斌，李锋涛，宋金辉. 西安市 25725 名中小学生脊柱侧弯患病率调查[J]. 中国临床康复，2006(8)：8－9.

[20] 王振堂，李中实，刘朝晖，等. 北京市中小学生脊柱侧凸患病率调查报告[J]. 中国脊柱脊髓杂志，2007(6)：440－442.
[21] 唐占英. 上海市部分在校小学生脊柱侧凸现状调查分析研究 [C] //第三届全国脊柱外科学术论坛论文集. 上海：上海长征医院《脊柱外科杂志》编辑部，2007：198－200.
[22] 巴九灵. 2018 新中产人群画像[J]. 记者观察，2018(28)：22－24.
[23] 余金华. O2O 进化论 [M]. 北京：中信出版社，2014.
[24] 马斯洛. 马斯洛的人本哲学 [M]. 呼伦贝尔：内蒙古文化出版社，2008.
[25] 吴照云. 管理学原理 [M]. 3 版 . 北京：经济管理出版社，2001.
[26] 唐飞雪. 科学百科大讲堂 [M]. 北京：中国华侨出版社，2018.
[27] 周晋，徐波. 鞋楦设计原理 [M]. 北京：中国轻工业出版社，2016.
[28] 洪友廉，李静先，徐冬青，等. 中国成年人脚型性别差异研究[J]. 成都体育学院学报，2011，37 (4)：77－81.
[29] Comfort footwear [J]. Veterinary Economics，2007，48(9)：66.
[30] SALVADOR F，HOLAN M，PILLER F. Cracking the code of mass customization [J]. MIT Sloan Management Review，2009，3(50)：70－79.
[31] BEATY R. Mass customization [J]. Manufacturing Engineer，2003，5 (75)：217－220.
[32] PILLER F. Observations on the present and future of mass customization [J]. International Journal of Flexible Manufacturing Systems，2007，4(19)：630－636.
[33] PILLER F. Mass customization：reflections on the state of the concept [J]. International Journal of Flexible Manufacturing Systems，2005，4(16)：313－334.
[34] 王海军，赵勇，马士华，等. 基于供应链的大量定制生产计划原型系统[J]. 工业工程与管理，2005，10(3)：78－81.
[35] 郑华林. 面向大规模定制的生产计划编制方法[J]. 机械设计与制造，2009(11)：256－258.
[36] 邵晓峰，黄培清，季建华. 大规模定制生产模式的研究[J]. 工业工程与管理，2001，6(2)：13－17.
[37] 徐旭珊，章雪岩，武振业. 面向 CIMS 企业的柔性管理研究[J]. 世界科技研究与发展，2001(2)：80－85.
[38] 于海江，孙弢，杨德礼. "推式"和"拉式"生产方式下的物流控制模型[J]. 信息与控制，2003(4)：314－317.
[39] 刘勘，周晓峥，周洞汝. 数据可视化的研究与发展[J]. 计算机工程，2002(8)：1－2.
[40] 杨彦波，刘滨，祁明月. 信息可视化研究综述[J]. 河北科技大学学报，2014，35 (1)：91－102.
[41] 任磊，杜一，马帅，等. 大数据可视分析综述[J]. 软件学报，2014，25(9)：1909－1936.